新型地产操作图文全解丛书

中国房产信息集团

克而瑞(中国)信息技术有限公司 编著

型地产解读

实战案例阐析

度假酒店

操作图文全解

效美图展示

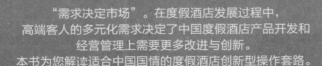

"需求决定市场"。在度假酒店发展过程中，高端客人的多元化需求决定了中国度假酒店产品开发和经营管理上需要更多改进与创新。
本书为您解读适合中国国情的度假酒店创新型操作套路。

操盘图表解构

中国物资出版社

图书在版编目（CIP）数据

度假酒店操作图文全解／中国房产信息集团，克而瑞（中国）信息技术有限公司

编著. —北京：中国物资出版社，2011.5

（新型地产操作图文全解丛书）

ISBN 978 – 7 – 5047 – 3708 – 3

Ⅰ.①度…　Ⅱ.①中…　②克…　Ⅲ.①饭店－商业经营　Ⅳ.①F719.2

中国版本图书馆 CIP 数据核字（2010）第 242585 号

策划编辑　黄　华
责任编辑　范虹轶
责任印制　方朋远
责任校对　孙会香　杨小静

中国物资出版社出版发行

网址：http：//www.clph.cn

社址：北京市西城区月坛北街 25 号

电话：（010）68589540　邮政编码：100834

全国新华书店经销

中国农业出版社印刷厂印刷

开本：787mm×1092mm　1/16　印张：14.25　字数：383 千字

2011 年 5 月第 1 版　2011 年 5 月第 1 次印刷

书号：ISBN 978 – 7 – 5047 – 3708 – 3/F・1452

印数：0001—4000 册

定价：48.00 元

（图书出现印装质量问题，本社负责调换）

编　委　会

出品单位：中国房产信息集团

编著单位：克而瑞（中国）信息技术有限公司

总　　编：周　忻　张永岳

编　　委：丁祖昱　罗　军　张　燕　金仲敏　喻颖正　陈小平　彭加亮　龙胜平

　　　　　刘文超　于丹丹　黄子宁　吴　洋　章伟杰　陈啸天　张兆娟　肖　鹏

　　　　　王　永　陈倍麟　李敏珠　汪　波　叶　婷　孟　音　刘丽娟

主　　编：丁祖昱

执行主编：仲文佳

美术编辑：潘永彬　谢小玲　杨春烨　王晓丽　李中石　何　胜

特约校审：顾芳恒　李石养　李白玉　罗克娜　李燕婷　樊　娟　李　斌

专业支持：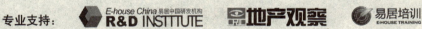

网站支持：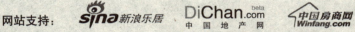

实现度假酒店
娱乐与游乐
价值点创新

度假酒店重点功能板块指客房、餐饮、商务接待、娱乐与游乐4种，
越来越多占据城市酒店份额的是"娱乐与游乐"，
因为度假酒店的主诉求，就是为游客提供多样化服务、
多类型休闲及娱乐服务。现实的酒店竞争中，
度假酒店的"娱乐与游乐"创新，成为主要的竞争内容。

度假酒店"娱乐与游乐"创新的价值点

内容诠释

娱乐与游乐

价值1

保持持续发展的度假酒店核心要素
不仅是度假酒店有别于竞争对手的独特标志，还是度假酒店保持长久生命活力、吸引游客到来的核心卖点

价值2

酒店业发展风向标
度假酒店总是对"娱乐与游乐"创新具有前瞻的眼光，因此往往成为众多城市酒店的"娱乐与游乐"创新的风向标，更成为指引整个酒店业"娱乐与游乐"创新发展方向的探路者

度假酒店
娱乐与游乐
创新型打造模式

度假酒店内"娱乐与游乐"项目的创新有自己的一套打造模式，可称之为"四步曲"模式。
第一步：需要运用专业的知识以及敏锐的市场眼光；
第二步：把握酒店发展趋势，深度挖掘当地资源；
第三步：创新升级娱乐与游乐体验方式；
第四步：对度假酒店进行文化包装。

"娱乐与游乐"创新型4大打造模式

研究市场

通过研究市场寻求酒店的突破点与差异化
"突破点"来源于对市场大环境内最热门"娱乐与游乐"项目的深刻研究
"差异化"来源于对区域市场内类同"娱乐与游乐"项目的竞比分析

模式 01 市场

挖掘资源

挖掘资源是基于度假酒店自身环境，而提炼最有用的优势资源或独有资源，将其作为酒店的最大特色予以凸显，并结合设置"娱乐与游乐"产品，形成度假酒店的最直接形象

模式 04 包装

模式 02 资源

文化包装

文化包装是最后一道工序，它不仅包括对项目主题的塑造，还对应着对整个酒店度假生活方式的营造。生活方式是酒店娱乐与游乐的最高境界，而度假酒店要打造核心竞争力也必须通过构建度假生活方式来实现

模式 03 创新

游憩方式创新设计

对酒店"娱乐与游乐"的玩法进行创新设计，这既可以引进新的娱乐或游乐项目、设施、设备，也可以设计新的演艺、玩法、活动或项目

"文化主题化"创新

释义：以某一特定主题来体现酒店特色、文化氛围，让游客获得富有个性的文化感受的酒店创新模式。

范例：香港迪士尼乐园酒店

"郊野休闲化"创新

释义：度假酒店所处的优美自然环境往往成为游客前往的第一因素，但以往却常常被酒店经营者忽略其价值。

范例：野奢酒店

"度假庄园化"创新

释义：度假庄园是大农业生产的概念，以独特农业生产、生活体验为核心的娱乐与游乐模式。

范例：酒庄度假酒店

"养生理疗化"创新

释义："娱乐与游乐"的养生理疗创新，是基于度假酒店作为疗养院模式下的创新和发展。

范例：养生理疗创新项目

手法1

手法2

手法3

手法4

度假酒店
娱乐与游乐
创新的9种手法

"康体运动化"创新

释义：康体运动注重动态的健身，与室外有密切联系，主要以室外娱乐与游乐为主，并以健身、放松、交流为主要目的。

范例：竞技类、群众性、民俗性以及国外引进创新体育项目等

手法5

手法6

手法7

手法8

手法9

"高科技化"创新

释义：高科技手段不仅仅是与游戏结合，还有基于透明玻璃的互动影像系统的应用。

范例：将大型的游戏场景投影到户外，让游客在户外场景中感受警匪交锋真实感

"互动参与化"创新

释义：游客希望在度假旅途中结交一些兴趣相投的好友，此时酒店参与性娱乐与游乐便发挥了作用。

范例：九寨天堂酒店的万人锅庄广场

"专业演艺化"创新

释义：这种创新如歌剧、演奏会、舞台剧、戏剧等，并且这类专业演艺的创新更有超过度假酒店名气的趋势。

范例：保利剧院

"客房娱乐化"创新

释义：把客房看成为私人空间，娱乐与游乐板块一般属于公共空间。以客房娱乐化为特色，实现了娱乐的私人化和科技化。

范例：客房内配置一套电脑、电视、高清平板显示器集成一体的服务系统

关于地产创新
不仅仅是序言……

我知道你没时间看完这篇序言，所以先讲讲我要说什么：

1. 大家说来说去的"创新"，其三层古典含义是什么？
2. 那些商界传奇们是如何因创新空气稀薄窒息而毁掉的？
3. 为什么说"创新"不是锦上添花，而是一次生死之旅？
4. 对地产商而言，有哪些"创新"的可操作路径？

❶ 古典含义

百度百科说：创新是以新思维、新发明和新描述为特征的一种概念化过程。"创新"一词起源于拉丁语，它原意有三层含义：第一，更新；第二，创造新的东西；第三，改变。

创新是最被滥用的名词，即使奥巴马竞选总统，主打概念也无非是"创新之古典含义"的第三个层面。

如果大家都创新，创新还有什么意义呢？创新因此而被误读，大家都指望创新是大麻，抽一口便灵感四溢、精力无穷，其实创新是空气，无色无味，无处不在。

创新，尽在呼吸之间。

❷ 成功致死

为什么那些因成功而崛起的大企业最终又会倒下呢？难道创新不是像骑自行车那样的技能，一旦学会终生享用吗？《创新者的窘境》所阐述的研究证明：良好的管理正是导致以管理卓越著称的企业未能保持其行业领先地位的最主要原因。准确地说，因为这些企业倾听了消费者的意见、积极投资了新技术的研发，以期向消费者提供更多、更好的产品；因为它们认真研究了市场趋势，并将投资资本系统地分配给了能够带来最佳收益率的创新领域，因此它们都丧失了其市场领先地位。

创新是呼吸，但不是平常的呼吸，而是马拉松参赛选手似的呼吸，不仅要求耐力和勇气，更需要节奏和战略。

❸ 生死之旅

创新无法离开产业语境。关于房地产创新，我想说的是：

1. 未来行业生存者只有四种：龙头企业、区域地头蛇、细分创新领域的引领者和投机者。如果你非龙非蛇，又不投机，就该瞄准一个有足够发展空间的创新切入点；

2. 即使是"龙蛇企业"，也要牢记房地产业早晚将"传统"起来，也要面对所有企业的生死逻辑。

所以，中国房地产商所要面临的这一轮创新，是决定未来存亡的战略抉择。不作为，一定死。

赛程刚刚开始。

❹ 操作路径

第2步：梳理自身的专业与资源，发现适合自己的细分创新领域；

第3步：构建企业在该细分领域的比较竞争优势，进而形成核心竞争力；

第4步：储备关联的新增长点，不让自己因创新的制度化而被束缚。

第1步呢？

当然，是购买、并阅读本书。

目　录
CONTENTS
度假酒店操作图文全解

第一章　度假酒店开发要素

第二章　中国式赢利型度假酒店开发模型分析

第三章 度假酒店的营销推广
新思路

 第四章 清晰的内部运营是度假
酒店成功运作的关键

 第五章 度假酒店客户关系管理和
服务

海南度假酒店开发主流趋势

核心竞争力：
了解度假酒店的核心优势，掌握市场竞争力
分类方法：
度假酒店可以按照地域、功能和资源分类
国外借鉴：
鉴赏国外酒店开发模式，在对比中弥补自身不足

度假酒店开发要素

　　随着中国经济的发展，酒店业发展迅速。商务型酒店、经济型连锁酒店、会议酒店、会展酒店、度假酒店、青年旅舍、公寓式酒店、产权式酒店、分时度假酒店、农家乐等正是现在时下并存的酒店形态。这其中，度假酒店在酒店业中拥有着很大的市场份额。

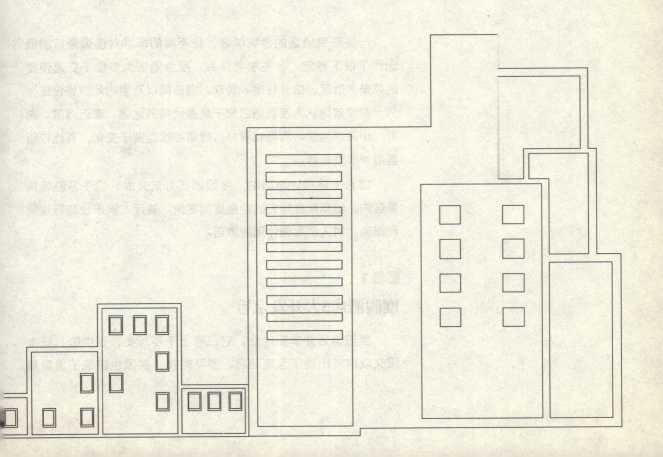

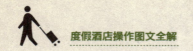

 # 度假酒店开发的"3+4"原则

度假酒店因地域、经济、文化的不同而具有地方性、灵活性和多样性的特点，因此，在定义上就有不同的解释。许多专家和业内人士常把度假酒店的核心概念集中在"经历"上，即旅游者对度假目的地的直接观察或参与而形成的感受和体验。

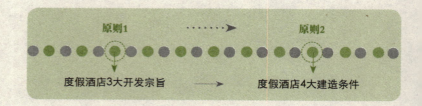

一些研究酒店的专家学者，依不同的标准对度假酒店的概念作了以下界定：有些学者认为，度假酒店大多位于交通便捷的风景名胜区，结合住宿、餐饮、游乐园以及室内外游憩设施；另一些学者则认为度假酒店位于风景优美的远郊，靠近海滨、湖畔、山岳、温泉、海岛或森林，建筑物造型富于变化，有比较明显的季节性差异。

综合上述描述与归纳，度假酒店可定义为：位于名胜或风景区内，根据所在地方的特色提供客房、餐厅、娱乐设施等设备和服务，供人们度假休闲的酒店。

原则1

度假酒店3大开发宗旨

度假酒店并非新行业，它已有上千年历史，在中国、日本很久以前就出现了温泉酒店。罗马时代，英国也建筑了温泉酒店，当时是为军人提供的休憩之所。现今，客人需求提高，度假酒店的服务标准自然提高。

度假酒店基本构成的3个重要需求

（1）消遣娱乐

度假酒店的基础作用就是提供娱乐，它建造的目的就是给人带来快乐，否则它就没有存在的意义。度假酒店的利润很高，但是无论是开发还是经营都会有很大的成本风险，所以，营造快乐并非易事。

案例 地中海俱乐部（CLUB MED）

地中海俱乐部是世界上最著名的旅游度假机构之一，因为它将娱乐与学习结合起来营造一种新的定义，并细分客户，为各种来度假酒店的人提供舒适和愉快的生活。

一开始，地中海俱乐部就试图预测社会的发展形式和旅游活动的发展趋势，并努力提供相应的产品。到20世纪90年代初，地中海俱乐部已经增加了为年轻客人准备的青少年俱乐部、为比较年长的客人准备的复兴俱乐部和一系列为到附近旅游景点参观的游客而设计的高档酒店。

● 地中海俱乐部不仅是一个旅游住宿设施的经营者，还是关注生活品质的"人居环境"的构建者

● 在更大范围内的度假地的规划参与过程中，地中海俱乐部创造性地营建了一个自然环境友好与原住民和谐共存、更加适宜度假旅游者休闲的场所

（2）修心养性

维护身心健康是老年人去度假酒店的重要原因。最早的度假酒店也是从温泉酒店发展起来的，温泉酒店在包括中国在内的世界各地都有，比如九华山庄，就有符合老年人需求的温泉和按摩。但与健康相关的度假酒店，不仅提供温泉服务，还有保健或外科整容手术、医疗等服务。这种结合方式对于经营者有更大的利润空间，因为一个长时间的住店客人比20个短期客人利润率高。如在美国，退休的老人很多，他们中30%的老人占有美国全民60%的财富，而他们的所有时间基本上都是用在保持健康上，那么度假酒店就是一个首选去向。

（3）商务学习

现在人们工作压力大，都希望有一个地方可以暂时放松心情，度假酒店则是一个帮助人们恢复心情的好去处。好的度假酒店能够通过环境营造使客人放松心情，度假酒店的经营者需要提供商务与度假相结合的场所，要有好的会议、电子设备和餐饮等，而从事职工生涯培训的游客团体需要度假酒店能提供更高档的服务，拥有非常好的宴会部，能创造出特殊的宴会服务。

原则 2

度假酒店4大建造条件

度假，追求的境界是一种回归感，度假酒店不光给客人的身体带来愉悦感，让他们的精神彻底放松，还要在增进客人的身体和心理健康的同时，为他们提供休闲、学习和掌握新技能的机会。基于这几点考虑，度假酒店的建造需要满足4大条件。

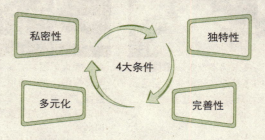

度假酒店的建造要满足的4大条件

要点提示

度假酒店要将商务与度假结合，两者缺一不可。会议设施对度假酒店非常重要，在美国度假酒店有65%的业务来自会议，因此他们精心设计了了完备的会议设施。

（1）私密性——更强调了酒店的私密性

　　度假酒店更强调了酒店的私密性，酒店客房的设计无论何种类别，都建立在保证住客私密性的基本要求上，而建筑的平面设计很大程度上决定客房的私密程度。室内私密性和活动空间由客人自由控制。按照中国文化，关门就是禁止入内的界线，能够提供最基本的私密空间。但作为度假酒店，其私密性要求绝不能仅仅停留在这一层面。

私密性的影响因素

影响因素	具体内容
材质	软硬材质的巧妙结合，既能提升氛围，又可让人有安全感
色彩	暖色系的卧房，适度冷暖色系结合的会客室更具舒适度
色调	一般来讲，私人空间以暖色调为主会让住客感到更放松
光亮	亮度和色温会导致不同的氛围，过亮会影响住客对酒店的认可度
心理	不同人对相同空间的感受会有不同，应对客房进行细致的区分

（2）独特性——有别于其他类型酒店的特色标志

　　度假酒店以接待度假休闲游客为主，为游客提供多种服务，多建在海滨、山川、湖泊等自然风景区附近，远离市区，交通便利，而且其经营季节性强，要求娱乐设施较完善，讲究人与自然的融合，注重给予居住者一种度假的心情与情调，达到与现实生活的短暂隔离、和自然风光亲密接触的目的，实现自然、人文与时尚生活的完美结合，呈现度假酒店的独特风格与个性。度假性酒店的自然资源具有不可替代性，需要拥有阳光、沙滩、大海、空气、绿地和风景6大要素中的至少3项，这些也是区别于其他类型酒店的重要标志。

（3）完善性——独立的生活配套设备和服务设施

　　一般度假酒店除符合大众游客的生活习惯和品位，提供与日常生活相衔接和融合的度假型居住设施和环境外，还要以新颖独特的住宿形式来吸引度假游客，以满足不同游客的需要。

并且度假酒店的居住氛围比普通生活更加舒适、安逸、完善、周到。从居住的角度看，度假酒店犹如多个设施完善且相对独立的居住单元体的集合。

为了满足游客愉悦身心的需要，不同类型的度假酒店都配备不同种类的休憩、娱乐服务设施。如现代城市型度假酒店为满足不同年龄、性格、职业和爱好的游客的需求，应提高游乐质量和设施的利用率，体现现代化和综合性的特点；而乡土生态型度假酒店则更强调游人对传统娱乐设施的感受，如钓鱼、烧烤等。当然根据需要，也可以将不同类型的娱乐设施融合在一起，使度假酒店生活更为精彩。

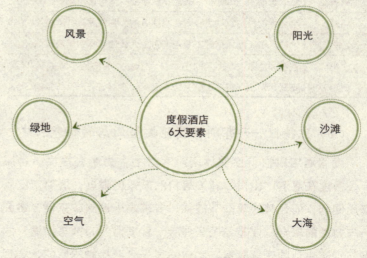

度假酒店自然资源6大要素

（4）多元化——保持多元文化的综合体

度假酒店每年接待成千上万来自五湖四海的度假型游客，同时也集中了不同地域风格和不同文化特征，再加上度假酒店所在地的民风乡情以及为酒店主题而设的特色设施，度假酒店成为一个多元文化的综合体。

度假酒店3种常规分类标准

度假酒店有若干种分类，其中许多是互相交叉的，这些类型的分类标准包括但不仅仅局限于地域、功能、资源3种类型，其中以地域划分的度假酒店最为常见。

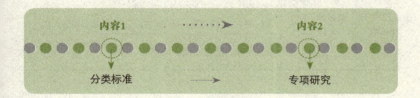

内容1 分类标准　　　　　内容2 专项研究

内容1

度假酒店3种常规分类标准

按照地域划分的度假酒店以海滨型、森林型、温泉型、城市型为主；按功能划分的度假酒店多为复合型；按资源和客源划分的度假酒店中最常见的是介于两者之间的资源—客源型。

度假酒店常见的3种分类方法

划分标准	类型	特征
按地域分类	海滨型	位于海滨，客人的主要目的是享受阳光、沙滩和海水
	森林型	位于丛林，设置许多探险类活动设施
	温泉型	位于天然温泉附近，客人通过洗温泉浴达到医疗、保健目的
	水景型	依托河流、湖泊，主要满足客人放松、静养及适度的运动需求
	山地型	位于山间、林地等周围环境和风景优美的地方，主要满足客人运动、娱乐、探险、亲近自然等需求
	草原型	依托天然或人工草场，主要提供骑马、狩猎、放牧等户外活动
	沙漠型	依托沙漠资源，提供独特活动内容和环境体验
	乡村型	位于远离城市喧嚣、空气清新、风景优美的乡村
	城市型	与乡村型截然相反的是位于大都市的城市型度假酒店，这些类型的度假酒店在美国等发达国家甚为普遍

续　表

划分标准	类型	特征
按功能分类	康体型	以康体功能作为主题品牌功能，提供丰富的康体及医疗设施
	娱乐型	以娱乐为主，提供齐全的娱乐设施和服务（包括文艺、体育、博彩等），项目丰富多彩、新鲜刺激
	会议型	以接待国内外各类会议客人为主，提供会议场所和与会期间休憩、活动等主要设施
	复合型	以大型、综合为主要特点的多功能度假设施，满足不同群体的多样化需求
按资源和客源分类	资源型	这类度假酒店多建在海滨、山川、湖泊、沙漠等自然风景区附近，或者依托历史文化遗产
	客源型	这类度假酒店通常在环城休憩带内或其临近地区，那里经济发达，交通便利，人口密集，城镇广布，度假旅游市场空间大
	资源—客源型	介于资源型和客源型之间，兼具两者优点

内容 2

按地域专项研究热门度假酒店

与普通酒店不同，度假酒店以接待度假休闲游客为主，多建在海滨、山川、湖泊、森林等自然风景区附近，经营度假酒店，非常重要的一点是必须和本地的文化有机融合，从而形成自身特色。经营者要通过挖掘酒店所在地最有影响力的地域特征、文化特质，确定一个有意义的主题文化，以此作为统领度假酒店的核心发展脉络，并围绕这个主题进行酒店的设计、建造、装饰、生产和提供服务，建设具有全方位的颇具个性的度假氛围和经营体系，营造一种无法模仿和复制的独特魅力与个性特征，实现提升酒店产品质量和品位的目的。

（1）海滨度假酒店

海滨度假酒店的室外休闲娱乐项目主要以海为主题，如海水浴场、游泳池、海上游乐和沙滩运动等，在室外休闲区的中心建设与海文化或酒店主题相呼应的主题广场，周边修建饭店、舞

三亚凯莱度假酒店

厅、酒吧、咖啡室、音乐台等娱乐休憩场所，这些服务设施与相应的餐饮区、商业区既紧密结合、相互呼应，又各有分区、有条不紊，形成完整、丰富而又有条理的室外休闲环境。

海滨度假酒店到海滩往往还有一段距离，与海滩景观设计不同，酒店设计更注重私密性与舒适性。经营者需要充分利用周围的起伏地形，通过园林减少视觉冲击和房间之间的对视，客房和公共空间应面对海景或其他核心景观，为客人提供开阔的视野，而别墅花园、会议场所则要营造私密、安静的环境，同时可利用植物的多样性来创造丰富的景观层次：用滨海植物营造滨海度假的氛围，利用高大植物制造适宜的遮阳效果，利用乔、灌、花草结合创造丰富的景观层次，同时要营造由不同灯光制造的优美的夜间视觉环境。

（2）森林度假酒店

丛林是自然的象征，而森林生活则是一种回归。对于勇者来说，拓展、野外生存等是很好的选择，而对于大众来说，生态环境下的品位生活更值得拥有。

森林度假酒店室外休闲娱乐项目有：森林浴、露营、烧烤、射箭、健步、拓展、定向越野、野战、生态休闲、丛林探险游等。对于一般露营者则在木屋、树屋住下，在森林书吧、餐吧或者氧吧中休闲，到林中的湖泊旁垂钓或戏水等。

酒店的室外造景主要通过游路、桥梁、栈道来组织游线，在重要节点处建造亭、廊、观景平台来供游人驻足观赏，建造露营地或是木屋、树屋、森林书吧、餐吧供游人休憩，但这些要素需要与娱乐项目相结合来赋予场景生命力，以满足游客对丛林惬意生活的追求，使其变得更加活跃。

景观道路一般采用仿自然石材或木质材料，营造自然野趣的意境；植物景观是在尊重原有植被的基础上，对重点景区进行景观提升。经营者可以通过植物造景，利用大乔木将丛林生活与道路分割，避免喧闹，并在附近建设配套服务设施，让游客享受更为方便的生活。

张家界武陵源国际度假酒店位于张家界原生态核心风景区内，占地面积3.5万平方米，四周环山抱水，装修豪华典雅。距著名的森林公园及各景点仅数分钟之遥

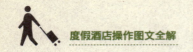

（3）温泉度假酒店

温泉度假酒店室外休闲娱乐项目主要是温泉泡浴、水疗、康体、养生、戏水等休闲养生类项目。

要素1	要素2	要素3
以人为本	结合季节变化，灵活设置项目	融入文化内涵，注重开发品牌文化

温泉度假酒店3大构成要素

① 以人为本

温泉度假酒店以游客感受为导向，如情侣池、SPA项目应通过植物、景墙或假山造景等其他项目营造隔离空间，亦可点缀小亭，形成独立、静谧的休闲空间。开放的温泉项目间可通过亭、廊衔接，方便游客行走，兼具遮阳挡雨、避风避寒之效。

② 结合季节变化，灵活设置项目

漂流、海浪、儿童戏水池、滑道等一些动感温泉项目主要适合作为夏季水上娱乐运动；沐足、药浴、SPA、情侣浴、游泳等项目在温暖季节可作为室外娱乐项目；同时也应配备室内娱乐设施，方便游客冬季或者风雨天使用。

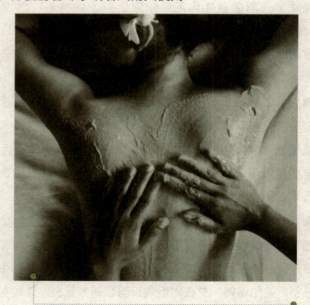

令人放松的SPA

③ 融入文化内涵，注重开发品牌文化

酒店的整体风格和服务设施所构成的文化氛围是温泉度假酒店区别于其他度假酒店的独特之处，能够增强游客对酒店的整体印象。而度假酒店的整体风格可通过园路的铺砖、建筑、小品来表现。除此之外，一流的管理与服务也是酒店文化内涵的重要组成部分。

舒适宜人的温泉浴

（4）滨湖度假酒店

滨湖度假酒店湖区周边一般并非是一览无余的平坦地形，而是起伏多变的山地，其水体也会随之形成溪、塘、湖、瀑等多种形态，而室外休闲娱乐项目也会因地形而设计，如漂流、泛舟、垂钓、高尔夫等。

① 动静设计结合

水体空间按其状态可分为静态水体和动态水体。在度假酒店的景观设计中可依据地形将水体布置为湖、塘、池、泉、溪等形式。利用地形高差形成一定宽度的溪流是进行漂流运动的良好资源；在平坦地段小面积蓄水形成的池、塘等地可进行垂钓或作为亲水游乐区；大面积的蓄水形成的湖面适合游人泛舟、采莲。

② 水体设计与空间塑造巧妙结合

水体设计和空间塑造要善于把握水体造型和水面形状，利用透视的原理，加强水体空间的深远和水面的宽阔。而水、陆结合酒店建筑及倒影形成曲延迂回、虚实结合的景观设计更会使人产生无穷无尽的幻觉，引人入胜。

千岛湖开元度假村

在中心水景区周围设计亲水台、草地、沙滩，为游客提供亲水空间；也可在水体中种植荷花、睡莲和水生禾草，形成丰富的水面景观，同时养水鸟、鸭、鹅，嬉戏其间极富情趣，也使水面环境更富有生气。水体中布置岛屿或水中陆地，再设堤、廊等形成具有离心和扩散空间的特性，使水体与空间巧妙结合。

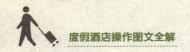

酒庄度假酒店室内装修

酒庄度假酒店餐厅布置

在水上高尔夫举办的活动

在水上高尔夫尽兴挥杆

③ 坡地的合理利用

合理利用对度假区的山地、坡地，如开展生态休闲、观光类项目，尤其是开阔缓坡的丘陵地带，利用价值很高，可建造高尔夫球场——利用天然的地形，保留天然缓坡和水面，作为球场屏障。

（5）山岩谷地与深坑度假酒店

山岩谷地与深坑是一种难得一见的自然景观，利用其作度假酒店是对度假酒店形式的创新。与利用山地、丘陵、海洋创建度假酒店的共同点是都充分利用了地形来因地制宜地开发环境景观，不同之处在于地形的变化为度假酒店室外娱乐项目增添了新的趣味性。如利用谷地或深坑周边地势陡峭的地段做攀岩运动项目；垂直落差较大处可设蹦极运动，亦可在谷底、坑底蓄水开展水上运动。

独特的地形赋予环境景观设计太多的发挥空间，经营者应利用好大面积、高落差的坑壁，岩、瀑、山、水、林、花、草等自然元素形成层叠的空中花园和空中奇观，自然与建筑内外贯穿、巧妙结合，形成另类的和谐居所。

（6）酒庄度假酒店

这种类型度假酒店的主要客人一般为周末度假游客或是高级商务客人，他们所要感受的是酒庄高雅的环境氛围和幽静清新的自然环境，所以酒庄的配套设施和娱乐项目以精致为其设计理念。

除了酒店常规的娱乐项目如游泳池、餐厅、KTV外，还可以设置精致的项目和设施来丰富度假内容，如主题SPA、品酒屋（课程）、葡萄采摘、酿酒体验、雪茄吧等。

以葡萄酒庄为主题的度假酒店拥有浓厚的浪漫和高贵的色彩，也是作为酒庄度假酒店的最佳选择。葡萄酒的最佳酿造工艺主要集中在欧洲"旧世界"酿造地区，比如法国、意大利和智利。所以以酒庄为主题的度假酒店在外观、室内及景观表现手法上应该加重其欧洲的色彩，如欧洲古堡酒店式外观、法国宫廷式房间设计；这些元素还可以表现在其他方面，如欧式家具、吊灯、油画、雕塑等。酒店的规模不宜过大，周围被葡萄园环抱，这样可以保证酒店内的每一间客房都可以享受到葡萄园的美丽景观。

（7）高尔夫度假酒店

高尔夫度假酒店的开发应该结合当地旅游资源，以高尔夫休闲作为配套，分析周边对应的景点、城市、会议中心等是否能够相串联，达到定点多日游，形成复合效应的模式。只有具备能够形成这种以多种产品作衔接的运营方式，高尔夫度假酒店开发的可行性才较高。

一般的高尔夫球场均设立俱乐部来满足打球者的基本需要，如餐饮、娱乐、SPA等。高尔夫度假酒店是作为高尔夫球场的另一种相对于俱乐部来说较为完善的辅助配套设施。除了一些世界知名或是大型的高尔夫球场（例如，观澜湖）可以以高尔夫作为主要娱乐休闲项目和酒店结合形成假日旅游目的地外，普通的高尔夫球场只能吸引本地客人，并不具备高尔夫假日游的条件，这样的球场附近的配套酒店经营惨淡。

（8）滑雪度假酒店

位置适于滑雪	置雪具租赁区	外观宜使用亮色	设置娱乐活动场所
1	2	3	4

滑雪度假酒店4大构成要素

滑雪度假酒店远景

① 位置适于滑雪

由于滑雪项目的特殊性，所以滑雪度假酒店的位置设计需

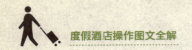

要特别注意。滑雪酒店应该设有前后两个出口，酒店前门的出口紧靠行车道，后面的出口紧靠滑雪道或是魔毯，这样客人在酒店内穿戴好滑雪设备后，就可以直接方便地进入雪道或是乘坐魔毯上山。同时，从山上下来的滑雪者，也可以从这个出口直接进入酒店。

② 设置雪具租赁区

酒店内设有雪具租赁区，一般租赁区要比大堂低一层或是半层，根据山体的高低差规划，酒店靠近滑雪道的出口一般都设在租赁区的位置。

③ 外观宜使用亮色

由于滑雪度假区处于常年积雪而且比较寒冷的地区，所以酒店的外观颜色应该使用可以和白色形成反差的亮色。酒店的内饰装修尽量采用暖色调以及可以使人们能感到温暖的元素，如取暖设施（壁炉）。房间内应设置可以摆放滑雪板等雪具的特殊位置和设施，如室内滑雪板支架等。

④ 设置娱乐活动场所

度假酒店还需要设置可以进行丰富的夜晚休闲娱乐活动的场所，这些场所的设置还应该围绕滑雪内容，建筑设计需要融入周边的环境，如SPA、冰酒吧等。

（9）主题公园游乐度假酒店

这种类型的度假酒店一般规模较大，以满足大量到乐园游玩的游客。酒店房间的设计应该贴切周边游乐园的主题，如广州长隆旅游度假区的酒店房间全部设计成生态主题，如野趣房、白虎房等。

由于来主题游乐园游玩的儿童比较多，酒店还应设立多层无烟区房间。餐饮服务也是对主题游乐园度假酒店非常重要的项目，酒店内应提供给客人多个主题餐饮的服务，如中餐、西餐、西式快餐、日本料理、儿童乐园餐厅等，来满足不同类型游客的需要，也可使餐饮成为另一个娱乐休闲的项目。

案例
迪士尼乐园（Disneyland）

1955年，富于想象力和创造精神的美国动画片先驱华特·迪士尼在加利福尼亚州创办了第一座现代化的游乐园，取名迪士尼乐园（Disneyland，正式全名为Disneyland Park）。这不仅是第一个迪士尼乐园，同时也是世界上第一个现代意义的主题公园。

○ 洛杉矶迪士尼乐园

○ 奥兰多迪士尼世界

（10）城市文化体验度假酒店

城市文化体验度假游源于欧洲的city break，游客们一般利用周末2天的假期到另外一个城市体验当地的文化，他们追求时尚，喜欢新鲜事物，更容易接受和发掘当地文化。

这样的酒店设计应该更加精品化，体现在房间布置、酒店服务等方面。酒店风格的设计上需融合当地城市的文化，例如巴黎的精品酒店向人们传达和展现的是一种浪漫风格，东京的精品酒店向人们展现的是时尚、前卫风格等。

为了满足客人需求，度假酒店还需要在软服务上下工夫，如在酒店前台设立专门的旅游咨询台。因为这样的酒店也会吸引大量的商务客人，所以在度假游客少、商务客人多的时期也可以充当前台的职能，从而在不浪费人力资源的情况下满足2种类型的客人。

现有的城市文化体验度假酒店一般都在城市交通便利且繁华的商业中心，和商务酒店相结合，但由于酒店内的设施和装饰风格没有切实体现当地文化特色，所以并不能满足城市文化体验游客的需要。

乌镇迷人夜景

要点提示

每一种度假酒店都必须充分考虑怎样从环境、氛围的角度来理解，它应和整个酒店风格相辅相成。环境景观的设计是其永恒体现，不能像过去人们对室外休闲娱乐的理解一样，往往只停留在具体项目上，比如各类运动场地、游乐设施的叠加。

015

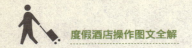

这些度假酒店坐落在极富魅力的地方，足以吸引远方游客前来享受假期。但由于度假酒店所在地区通常经济发展水平较低，距主要客源市场较远，独家产品销售的门槛值（指度假酒店赢利所要求的游客最低数量所辐射的地域范围）较大，经济成本较高，其经济效益必须依赖一定数量消费水平较高的游客。在发达国家，收入的增加、带薪假日的延长、运输工具的快速便捷，已使相当一部分人能够克服时间、空间与费用的障碍，到遥远的度假酒店度假。

丽江迷人美景

度假酒店经营管理要与城市酒店区别对待

度假酒店与城市型酒店因所建造的地域环境不同，在经营管理上形成各自的特色。

服务理念	服务内容	经营管理	营销战略
更注重人文归属感	更为全面与完善	更注重文化性和差异性	更注重无形化营销

服务理念

度假酒店更注重营造人文归属感

城市酒店和度假酒店在服务理念上除了给游客营造一种"家"的舒适感觉外，城市酒店强调给客人提供快捷、方便的细致化服务，并致力于寻求高质、高效的服务理念；而度假酒店更注重于用我国多重文化因素，注重人文关怀，给游客营造一种人文归属感，不但是一种体验型经历，更能使游者在离开后仍可回味这种体验。

服务内容

度假酒店更为全面与完善

城市酒店通常以满足顾客的住宿需求为主，在顾客的活动

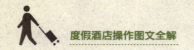

中，其真正的商务或旅游活动一般是在酒店之外进行的，酒店仅处于辅助地位，其他餐饮、娱乐等服务，则处于更为次要的辅助地位，且基本都是常见的室内活动。而度假酒店，则是顾客度假活动的中心，在客人的整个度假活动中处于主导地位，客人的吃、住、行、玩、游以及交流等全部的度假活动都是度假酒店的服务内容。

经营管理

度假酒店更注重酒店的文化性与差异性

酒店服务内容上的不同使得城市酒店与度假酒店经营管理上也各异，城市酒店要求往纵向深化发展，使服务更细致、更人性化。度假酒店既要加强服务细化，更要注重度假酒店所能提供的服务项目主次结合，优化服务项目结构，以达到对酒店资源的有效利用。

营销战略

度假酒店更注重无形化营销

因为目标市场定位不同，城市酒店的营销主要凭借其便利的交通、繁华的客源地域及其城市特色进行对酒店主体的营销活动。而度假酒店则围绕酒店自身有特色的度假资源，由环境、文化等多种因素组成的氛围以及其他特色服务吸引其目标客源。前者是依靠硬件和服务进行营销，而后者侧重于对环境、文化的营销。

亚龙湾·凯莱度假酒店"一家亲套餐"

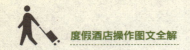

中外最具特点度假酒店 模式对比研究

全世界的度假胜地很多，旅行者所流连忘返的理想去处中最具代表性的有：印尼的巴厘岛、泰国的普吉岛和芭堤雅、马尔代夫、美国的夏威夷、马来西亚的兰戈威和邦克岛、埃及的开罗和卢克索以及红海边的阿姆沙耶赫、阿联酋的迪拜等。一般而言，国际旅游对度假酒店的需求一般分为目的地度假酒店、城市度假酒店、主题度假酒店 3 大类。

模式1

目的地度假酒店

目的地度假酒店，大多建在热带沙滩或山林，来这里度假的客人往往是经过了几个小时甚至十几个小时的飞行后，最终下榻在这里。他们的居住期往往有一两个星期（有时可能更长），而且在此期间，客人基本上不会走出居住的酒店。在一些别墅度假酒店，有的客人甚至都不愿迈出自己的别墅。客人需要享受的就是这里的宁静、私密、美食、阳光、沙滩。

国外鉴赏：常建造于风景秀丽且安静私密的山林

在亚太、中东地区，这样的酒店主要集中在印尼的巴厘岛、泰国的普吉岛、马来西亚的兰卡威岛、红海边的阿姆沙耶赫等一些风光秀美、阳光充足、历史文化内涵丰富的地区。这一点在这些酒店的建筑设计和室内装饰方面体现得淋漓尽致。

那些建在山林里的目的地度假酒店一般被人们称作山林度假酒店。这种酒店一般规模较小，更趋安静、私密，令人心旷神怡。客人住在酒店里可以享受到在大都市难以想象的安然、恬静。

为让客人享受这里的安静，高档次的山林度假村一般不接待16岁以下的儿童入住，甚至度假村所有的客房都不配备电视，如有客人需要，在度假村的图书馆才有可能找到，但客房内通常会配音响。在亚太地区，类似的度假村主要集中在巴厘岛的乌布山，如阿里拉度假村（Alila Ubud Bali）、皮特玛哈度假村（Pita Maha）、可曼尼卡度假村（Komanika Resort）等。当然，这些度假村也有目的地度假酒店客人所必需的设施和服务，如：游泳池（别墅度假村甚至是每户独立的游泳池）、美食餐厅、日光浴、管家式服务等。这样的酒店每间客房通常有四五名服务人员。

巴厘岛度假酒店

里茨·卡尔顿（The Ritz-Carlton Bali Resort & SPA）、君悦大酒店（Grand Hyatt Bali）、乐甜度假村（The Legian Bal）。

普吉岛度假酒店

悦榕庄度假村（Banyan Tree Phuket）、JW万豪度假村（JW Marriott Phuket Resort & SPA）、希尔顿度假村（Hilton Phuket Arcadia Resort & SPA）。

兰卡威岛度假酒店

大泰度假村（The Datai Langkawi）

巴厘岛美景

巴厘岛乌布梯田

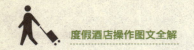

国内借鉴：三亚已经建成开业的度假村规模让人刮目相看

在我国，酒店行业的分工越来越趋细化，目的地类度假酒店在海南已悄然崛起。从地理位置、气候条件、经济发展近景与远景来看，目的地类度假酒店在三亚，甚至海南周边的岛屿，都具有无限的商机和巨大的发展潜力，应该是投资者们运筹创业的最佳去处。尤其是三亚，目前已经建成开业和正在建设的度假村规模让人刮目相看，如三亚喜来登酒店、万豪度假酒店、假日度假酒店、康莱度假酒店等大都拥有300～500间客房。可以预见，不久的将来，在这些城市（或地区），目的地度假酒店的建设必定会更有一番天地。

模式 2

城市度假酒店

关于城市度假酒店，顾名思义，这样的度假酒店一定是建在城市里的。人们到某个城市去度假可能出自各种不同的目的，或许是去观光、购物、了解当地的历史与文化，或许是到某海滨城市去享受日光浴、冲浪等，而人们到某座城市去度假，可能真正住在当地城市度假酒店里的并不多。那么，什么样的酒店才真正称得上城市度假酒店呢？

城市度假酒店应具备的特点

城市度假酒店的4个特点	内容诠释
具备充分为游客考虑而建造的设施	比如建造宽大的游泳池，面积大于同等级商务酒店的客房，还有广纳地方风味的特色餐厅、SPA等
酒店具有浓郁的文化特色氛围	具体表现为从酒店建筑外观的设计到能够体现本地历史文化特色的室内设计、艺术陈设
拥有较高的游客入住率	接待的客人一半是来此休闲、度假和旅游的客人
需注重酒店内休闲气氛的营造	如装饰材料的运用、灯光的设计、个性化的服务乃至服务员的服饰等

国外鉴赏：成为城市的标志，多为奢华建筑

在亚太、中东地区，具备以上条件的酒店主要集中在开罗、迪拜、火奴鲁鲁和曼谷等城市。在开罗，最具代表性的要数米那宫酒店和影视城边的莫文比克度假村。米那宫酒店紧邻有着人类4000年文明历史的埃及金字塔，当游客从酒店出发，徒步5分钟即可到达金字塔脚下。米那宫酒店曾是一个英国公主的狩猎行宫，后改为酒店。酒店宫殿部分的客房面向金字塔。早上拉开窗帘，客人触目就可以看到那代表人类最古老文明的伟大建筑。

案例　迪拜是最现代化的度假都市之一

迪拜是当今世界能源——石油，打造出来的最现代化的都市之一，也是日益兴旺的度假都市，这里的豪华度假酒店参差林立，最著名的阿拉伯塔（Burj Al Arab）和朱美莱度假村（The Jumeirah Beach Hotel）则是当今世界顶级现代度假酒店的代表，自然价格也不菲。那些想住且住得起的客人，往往会选择先在迪拜其他度假村住上几天后，再来这里小住一番，品尝人生经历中的别样滋味。

迪拜城市的象征——阿拉伯塔酒店不仅是当地建筑的杰作，更是迪拜奢华的代名词，而这种奢华不仅体现在昂贵的价格上，更体现在服务上。它拥有世界上最大的劳斯莱斯车队、时尚奢华的宝马车队以及酒店专用直升机迎接客人来酒店。

◎阿拉伯塔度假酒店的外观 ◎阿拉伯塔度假酒店的内部 ◎阿拉伯塔度假酒店的餐厅

夏威夷多年来一直是世界各地的游客度假时理想的去处，那里的度假酒店大部分集中在火奴鲁鲁市的怀基基地区，是典

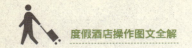

型的城市沙滩度假酒店。这些酒店最典型的特点是正门（主入口）都面向马路。穿过酒店大堂后面就是沙滩和大海。白天游客大多在酒店后的沙滩和大海里玩耍，到了晚上则集中在酒店附近的餐馆、商店消费玩耍，热闹非凡。夏威夷度假酒店的另一个特点就是充满特色文化的魅力。酒店的建筑、室内装饰、艺术品的陈设等诸多方面融汇了欧、亚、太平洋土著文化，大部分人到此都不会感到陌生。

夏威夷度假酒店的园林

夏威夷度假酒店的卧室

夏威夷度假酒店的大堂

曼谷可能是中国游客更熟知的城市，那里的东方酒店（The Oriental Bangkok）和悦榕庄度假酒店（Banyan Tree Bangkok）都是很典型的城市度假酒店。

曼谷悦榕庄度假
酒店室内装修

曼谷悦榕庄度
假酒店一角

曼谷东方酒店坐落在湄南河畔，地域文化浓厚，有着百余年的历史，诸多历史和当代名人都曾在此下榻。来这里度假的人们其实是在体验着历史和过往的文化。这里的SPA闻名于世，许多客人入住东方酒店仅仅是为了体验或重温东方SPA。

曼谷悦榕庄度假酒店从入口处就给予了客人度假的氛围：燃烧的火把和佛雕、自然材料的装饰和陈设、宽敞的客房和走廊以及进入大堂后所闻到的SPA清香，所有这些，都在向客人暗示，在这里度假可以彻底得到身心放松。

国内借鉴：在沿海地区的部分城市的度假酒店已初具规模

在我国，度假酒店还没形成大的产业规模态势，令人欣慰的是，在沿海地区，目前部分城市的度假酒店建设已经初具规模。这些度假酒店大部分建在景区或远郊，大都是为这些城市的市民提供周末休闲服务的。

模式3

主题度假酒店

说到主题度假酒店，可能会使许多人立刻想到拉斯维加斯、摩纳哥和澳门的博彩酒店。其实，主题度假酒店的含义还要更深、更广一些，如主题度假酒店包含着文化主题、历史主题、音乐主题、艺术主题等。

图古度假村园林景观

图古度假村卧室布置

国外鉴赏：图古度假村是百分之百的精品度假酒店

　　位于巴厘岛的图古度假村（Hotel Tugu Bali）就是一座以展现艺术和历史为主题的主题酒店，同时，也是极具巴厘岛建筑风格的别墅式小酒店。酒店的华裔主人在这里陈列着上千种来自世界各地的艺术品，其中就有中国清朝康熙年间的古董，还有大量出自名家之手、风格不一的绘画等。因此每一间客房都展示其丰富的文化底蕴。可以说，图古度假村又是一个百分之百的精品度假酒店。

　　硬石酒店（Hard Rock Hotel）是一个以音乐为主题的连锁酒店。酒店的建筑色彩、各个室内空间的饰物等都极具特点，酒店内陈列着大量知名乐队用过的吉他、萨克斯、服饰，甚至连客

巴厘岛硬石酒店　　　　　　　　　　　　新加坡硬石酒店　　　中国澳门硬石酒店

房的名牌号码都是以音乐为序的，如一层的客房为爵士乐、二层为流行乐、三层为古典乐，然后才是数字号码。这里的灯光，当然还有背景音乐、服务员的制服，无不体现音乐这一主题。硬石酒店极受音乐爱好者和青少年追宠，这些都为酒店赢得了其他酒店无法得到的常年客源和回头客。

　　国内借鉴：主题酒店在我国有发展前景但要谨慎投资

　　主题酒店在我国已开始出现，市场将会有相当大的发展潜力。但要注意的是，主题度假酒店与其他类型酒店都不同，投资应更加慎重，要聘请专业机构进行充分的市场调研和学习，并汲取国外先进经验。

**聚焦度假酒店开发经营
最关注的3大问题**

度假酒店开发经营过程中最关注的问题是：第一，度假酒店的关键吸引力要素是什么；第二，如何考虑度假酒店开发的市场方向；第三，如何安排度假地的活动。

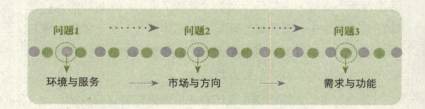

问题1 ⋯⋯⋯▶ 问题2 ⋯⋯⋯▶ 问题3

环境与服务 ⟶ 市场与方向 ▶ 需求与功能

问题 1

环境与服务——度假酒店的关键吸引力要素是什么

在海边的度假酒店要充分考虑台风因素，台风有季节性，半年、9个月不等，但有时气候不能预见，不确定性强，所以要对室内活动做完善设计。

全年性的度假酒店：应多考虑室外，但仍要有室内活动，否则室外不能活动时，客人就不能容忍，如建起室内游泳池。

季节性度假酒店：要严格按照季节设计，降低成本，增加赢利点，增加特色，要想方设法延长客人停留时间。根据季节设计方案，冬季型度假酒店，几个月的收益不足以支持费用，因此他们会考虑搞其他活动，如会议、学习等，美国阿斯盆度假地就是如此。

海边的度假酒店需满足的要求

5大要求	具体细节
要求1	开间大，有落地阳台
要求2	建筑高度不超过周边树木
要求3	伸展式梯级型后退格局，保证室内采光好，面对大海
要求4	亲近自然
要求5	室内综合设施要完备，如室内泳池必备。要有全球目光，全球化与本土化、大众化与个性化、批量生产与度身定做相结合

问题 2

市场与方向——如何考虑度假酒店开发的市场方向

　　经营任何类型的酒店，必须立足于市场和顾客，顾客的需求就是酒店经营者的追求。比如高尔夫运动度假客人需要的是球场的位置、环境和所提供的服务；家庭旅游度假的客人需要有丰富的儿童游乐场所；疗养保健度假的客人需要有一流的诊所和休养设施等。

　　度假，追求的境界是一种回归感。度假酒店不光给客人的身体带来愉悦感，让客人的精神彻底放松，在增进人们的身体和心理健康的同时还要为客人提供休闲与学习、掌握新技能的机会。要达到这些条件，一个酒店必须具备良好的自然环境、丰富的酒店产品、过硬的硬件设施和优良的服务水平。有个案例说的是三亚凯莱度假酒店有水疗花园和骑马场，还有6个国际标准的拓展中心，来这里度假的一位客人曾向酒店总经理"抱怨"说因为他的小孩实在喜欢骑马，从早骑到晚不下来，害得他多花费了2000多元钱。

问题 3

需求与功能——如何安排度假地的活动

　　产品要多样化，满足客人不同的需求，度假地、酒店要考虑观光客人与度假客人的不同需求，观光的客人只需要酒店提供

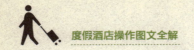

住宿，白天会自由安排游玩活动；度假的客人则需要长时间在酒店内活动，所以对酒店的要求高，很多细节要做好。总体要求是与常住地不同，让人感到放松、实用、有特色等。

　　要点1：设计温馨典雅的客房，消费元素包含玻璃窗、咖啡、藤椅、阳台、电脑等。

　　要点2：度假区内一定要有步行街，不要将度假地城市化。

　　要点3：度假区对温度很重视，随处放置温度表便于查看，体现人性化服务。

马来西亚度假天堂之————绿中海度假村

▶ 项目介绍

绿中海（Pangkor Laut）位于印度洋、安达曼海域，是马来西亚最顶级的私人度假岛屿，也是全球排名第三的岛屿度假观光胜地。

▶ 项目环境

绿中海的隐秘不光在于它独自占据一岛、远离喧嚣的大陆，还在于其融合了自然与创造的和谐。著名的男高音歌唱家帕瓦罗蒂曾在此举办演唱会。绿中海度假村宣传手册的扉页上就写着他这样的感叹："当这上天赐予凡间的美丽，天堂出现在我眼前，我的眼泪几乎夺眶而出。"

▶ 项目特色

顶着"世界十大SPA"光环的马来西亚绿中海SPA，遵循的是原始与传统相交融的SPA风格。马来式的SPA更原始也更传统。整个SPA的过程都在露天、静谧的纯天然生态环境中进行。

1. 自然与创造的和谐

酒店的大堂就坐落于皇家湾(Royal Bay)的雨林中，是整个酒店占地最大的一片建筑，其他如餐馆、客房、游泳池、网球场沿着海岸排开。

（1）设计理念保证对环境的最大保护

度假村依地形分布着各种不同类型的度假小屋，有建筑在海中的浪漫木屋、有建在沙滩边的度假屋、有雨林中间的林中小屋。共计142间客房，几乎只是利用了海边的一片狭长地带，其中21间海景别墅则建于海面之上，各别墅间以木质走道相连。设计的理念就是对环境尽可能地保护，几乎是以对原始的海岛最少的开发为限度。

● 马来西亚绿中海

雨林中的另一批"居民"并未受到人类的侵扰，甚至安然自在地把度假村当成自己的领地。餐桌旁的椰子树上站着十几只巨大的鸟；清晨房门前的廊柱间是孔雀散步的身影，而猴子则成群地在房前的雨林中嬉闹；海鸥与更多不知名的鸟从早到晚鸣叫着。

（2）户型设计保证客人的享受空间

绿中海的建筑与装饰，大量运用自然的柚木与竹子，多为传统的马来式样。山涧水湄中一幢幢深棕色的马来式木造高脚屋错落着，别墅套房是一栋建筑包含两个相邻的单元，内部陈设得精致与舒适。起居室的面积并不大，甚至它的面积还比不上放着两张大躺椅的阳台，也比不上宽大的浴室。浴室有功能划分十分明确的空间设计，长方形的内部被分成5个独立的部分，包括两个洗漱区、1个淋浴区、1个卫生间，甚至浴缸也占据1个空间。透明玻璃窗外是山石与花草的小院子，四周的围墙保证了私密性，院落的天空保证了光线的充足。浴缸异常的宽大，石制材料让自然的质朴体现得淋漓尽致。

⊙ 绿中海客房布置

⊙ 菜肴充满阳光的快乐

推开房间的大门，能看到热带花园的动人景致：海水、棕榈树、与曲折木桥小径相连的海上木屋。这些独具特色的水上度假屋采用典型的马来式建筑风格，而连接水上屋的木桥回廊却颇有中国皇家园林的风韵。

2. 多样化的免费餐厅设置

岛上有6家餐厅，甚至还有日本料理。穿过曲折的海上廊桥，走过那些碧绿的海水冲刷的礁石，就在那个如马戏场一样大的、圆顶由木柱支撑的瑜伽馆的后面，登上木质楼梯，立在海岩边上的是"林叔叔餐厅"，一间以中餐及南亚菜为特色的餐厅。这家餐厅天花板极高大，园形餐厅一面朝向大海。而Fisherman's cove则是一间以意大利餐为主要特色的餐厅。

酒店的消费方式基本上是全包价，许多设施都是免费使用

⊙ 绿中海舒适的休息环境

的。在任何一个餐厅吃饭，都可以免费单点，除了酒精饮料之外的饮料也免费提供。还有免费班车，可以搭乘去岛另一边的翡翠湾。

3. 身心净化的仪式

顶着"世界十大SPA"光环的马来西亚绿中海SPA，遵循的是原始与传统相交融的SPA风格。无论是哪种风格的SPA，始终注重每一项环节的形式感，始终注重每一步舒适度的关怀感，无一不让客人获得身心的释放与舒爽。

与来自其他地域的SPA不同，马来式的SPA更原始也更传统。整个SPA的过程都在露天、静谧的纯天然生态环境中进行，洗去了身心疲乏的同时也吸取了天地的精华。

马来式SPA的精华，就是将"通过神明进行美好祝愿"的目的贯穿于整个SPA的过程中。从进入SPA室开始，专人专享的理疗师会带领客人进行一个特殊的泡澡仪式。不像国内很多SPA馆里可有可无的泡澡过程，绿中海的泡澡仪式显得特别的神圣。打头阵的马来式的循环冲澡，客人要在一股凉彻心扉的清水潭中冲刷洗涤。清水洗净了身体，随后而来的香熏蒸面，便是让刚刚直冲脑门的极度紧张感瞬间释放的"精神洁净仪式"。而紧随其后的是日本式Goshi洗浴。日式洗浴后，上海式的搓澡和药草浴、海藻浴就开启了马来式SPA的美妙旅程。在马来式与泰式相结合的独到手法轻柔地抚触下，游客都会情不自禁地伴随着轻柔的海潮声渐渐睡去……

● 绿中海园林美景

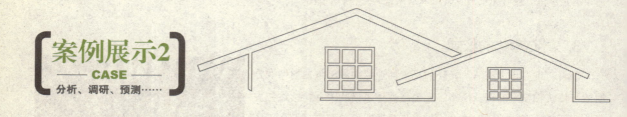

案例展示2
—— CASE ——
分析、调研、预测……

马来西亚度假天堂之二——月之影度假村

→ 项目介绍

同属于马来西亚杨忠礼集团的月之影度假村在国内被称为"小绿中海"，就如同两个姐妹，各具脱俗的风情却有着相同的气质——将人为的聪明设计天衣无缝地融入到自然环境之中。

→ 项目特色

月之影度假村(Tonjong Jara Resort & SPA)比起豪华精致的绿中海显得毫不张扬，甚至让人觉得过于内敛。但它却有种平静的力量，让疲惫的旅人感到无以复加的轻松与温馨。

→ 建筑设计

酒店位于马来西亚半岛东海岸的Terengganu。酒店的设计思路来自本土的皇宫，即很久以前苏丹优雅、木制的宫殿，其艺术和技术获得了建筑 Aga Khan奖。

1. 建筑风格古典而华美

月之影度假村更特别仿效17世纪马来西亚苏丹王木造皇宫，整体建筑采用大量木头与石头的简洁设计。

除了修葺整齐的皇家花园外，随处可见的雕镂华柱更映衬出度假村皇族的尊贵。此外，基于皇家设计原则建筑的房间，除了被热带花园簇拥外，窗外皆临视南中国海的壮丽美景。如此特殊的尊贵设计，让月之影度假村于1983年获得Aga Khan的建筑奖殊荣。接待中心四周的开放式长廊，让游客先体会到皇家宅院的气派，廊柱坚兼梁上的木刻图案，让尊贵、豪华与这家酒店同名。

● 月之影特色入口

月之影度假村是一家豪华度假酒店，为客人提供一个亲近自然和放松休息的场所。在这里客人还可领略本地马来西亚王宫的当年风采——这个端庄文雅的古代木制宫殿曾深受马来西亚苏丹（伊斯兰国家最高统治者的称号）的喜爱

2. 大部分客房配有海景可观赏

月之影度假村继承了马来文化的传统，是奢华和高级享受的场所。酒店反映了17世纪的高雅和庄严，月之影度假村总共提供99间客房和1套豪华套房，以马来西亚Sucimurni概念作为基础，酒店强调了精神上的纯净、健康和富有。度假村提供了皮船、水上运动、浮潜以及艺术级的体育馆和治疗中心。酒店的DiAtas Sungei餐厅提供正宗的马来菜，还可俯瞰南中国海。海滩边的 Nelayan 餐厅白天供应新鲜的海鲜。

在这里，夜幕降临时，暮色笼罩着碧绿的树林和沙滩。房间的私人花园内有室外谷室，Serambi和Bumbung客房可俯瞰海天一色的美景。

月之影 Anjung 客房

月之影 Bumbung 客房

月之影 Serambi 客房

3. 主厨就是菜单

如此奢华的度假村，连提供餐点的地点也会略有不同。这里的餐厅出现在游客散步的路途上，每次都不同。主题餐厅各具特色，无论想正襟危坐地吃一顿地道的西餐还是想来一次野味十足的沙滩烧烤，都没问题。河上餐厅、池边餐厅、海边餐厅、独特的三轮车流动吧各具风味。这里不提供菜单，精通当地美食的度假村大厨向游客推荐各种美食，这是别处没有的独具特色的用餐经历。

4. 酒店设施齐全

月之影度假村有两个游泳池，Teratai露台和大厅附近的无形态的游泳池和另外一个与海滩相连的水疗馆 SPA Village。 每个泳池都有毛巾和躺椅，池边还供应有小吃。

会议厅远离海滩和娱乐区，位于网球场附近，会议厅可容纳80~100人。这里是公司会议以及主题活动的完美场所。活动还可以在花园或海滩上举行，为游客提供独特的用餐体验。

● 月之影游泳池

商店和精品店位于接待区后面，方便为家人和朋友挑选各式各样的物品和礼物。这里的物品有当地的手工艺品、 Kelantan 银器、蜡染布和化妆品。

网球场位于 SPA Village附近，有两个网球场，每天免费开放。网球拍可出租，网球可以在礼品店购买。

度假村安静舒适角落的图书馆有许多杂志和多种语言的小说。

5. 水疗馆的SPA不允许外人参观打扰

因为SPA是客人彻底放松的地方，为了营造这样的环境，月之影的SPA是不允许外人参观打扰的。而这间大隐于山水间的SPA仅有7间理疗室，每天的预约表当然是排得满满当当的。

这里的马来式SPA传承了马来半岛东海岸登嘉楼地区的所有精华，就连最开始的花浴祈福仪式，也延续了几百年。换上这里最传统的纱笼，理疗师会将游客带到天井，用鲜花泡过的水从头上淋下，在这期间可以许下7个愿望，这些愿望将伴随着马来人的美好祝愿一一实现。

结束了花浴的洗礼后，理疗师开始熟稔的按摩。当加温后的自制精油伴随理疗师宽厚的手掌溢开在游客的身上时，游客在开放式的空间充分享受阳光、精油的轻抚后，会倦容已去，周身舒爽。

● 月之影水疗馆

6. 婚礼 & 蜜月的特色氛围营造

在月之影度假村天然美丽的环境中举行婚礼，无论仪式是遵循传统马来西亚的形式和传统，还是新娘选择按照自己的意愿设计婚礼，特别训练的婚礼策划人和度假村的职员都能让您梦想成真。

安宁和寂静的月之影度假村能够提供柔和的环境，一流的建筑以及内部构造使得婚礼更加完美。

文化底蕴是月之影度假村的重要组成部分，这在许多方面都有体现。游客可以经历许多的文化体验，可以体会到东南亚的生活方式。

度假村还有重要的烹饪学校，学校应用了 Sucimurni 健康和纯净的理念。游客在度假时也可以学习烹饪课程，了解具有创造性的马来西亚、中国和印度烹饪艺术。

天然的魅力和奥秘环绕着度假村。蜿蜒的河流里有许多野生动物。置身于自然界的宽大怀抱，游客可以体验丛林漫步、河流探险以及常驻自然学者带领的自然探秘。

Sucimurni 承担了保护月之影度假村环境的责任，度假村的职员与许多组织一起保护这一天然的环境。

第二章
02

开发重点：
度假酒店开发极为注重地域条件
酒店设计：
酒店空间营造往往也以地方文化为背景
度假酒店综合体的设计需要重点考虑4个设计原则

中国式赢利型度假酒店
开发模型分析

　　打造度假酒店是以市场研究和资源整合为基础，以主题定位为核心，以度假环境营造、度假载体设计、休闲项目配套、生活方式构建及运营模式设计为5大支撑的系统工程。很显然，营造度假环境以及对度假载体的具体设计手法就成为将度假酒店理念落实核心。

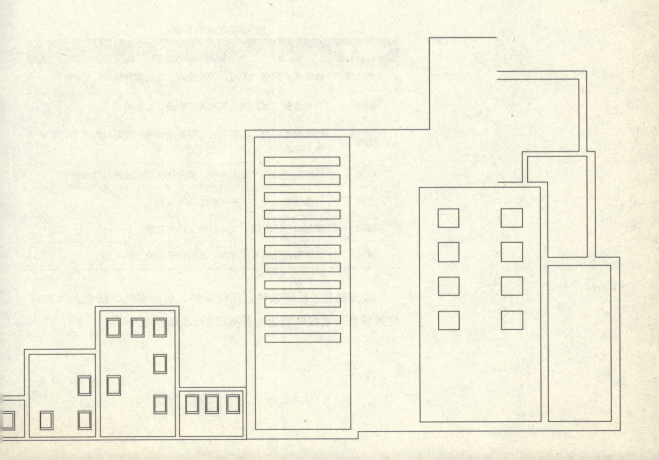

度假酒店开发的5大综合条件

度假酒店多建在海滨、山川、湖泊、沙漠等自然风景区附近，或依托历史文化遗产，或处于环城市地带。度假酒店在位置选择上有多方面要求。

条件1	条件2	条件3
地域条件	市场条件	资金条件
条件4		条件5
社会条件		环境管理

度假酒店的位置要求

考虑因素	具体要求
生意优势	接近主要景点（海滩、休闲爱好、流行购物区等）
朝向	有利位置（可以观赏到河流、古迹、公园等）
便捷	时间距离、出入道路、与主要高速公路和交汇处的关系、可见性、标志
环境	环境的适合性（迷人环境、其他建筑物的质量、地域估价）
空间	合理规划、设计、停车和休闲的用地
限制	规划和分区限制、法律制约、保护要求
成本	土地和开发成本（场地、基础设施、施工）

综合来看，地域条件、市场条件、资金条件、社会条件和环境管理是开发度假酒店需要考虑的5项基本条件。

地域条件

（1）自然因素

最少的规划就是最好的规划。规划师在对自然景区的开发利用提出行动方案时，应尽量减少对自然景观进行人为的改变。自然因素主要包括以下3种因素。

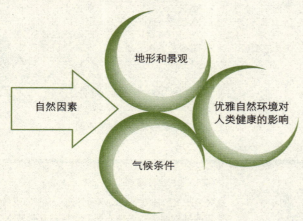

度假酒店开发的自然因素

① 地形和景观：最大化利用，避免破坏

在度假酒店的设计中，对地形和景观的关注体现在场地规划上。其基本的原则是，最大化利用现有地形和景观要素的同时避免对其破坏和削弱，主要体现在以下两个方面。

外部环境对度假酒店的影响

影响因素	具体细节
度假酒店的总体布局受地形的影响较大	如地形对山地型度假酒店总体布局的影响主要表现是：度假酒店的总体布局利用山地的高差综合考虑景观视线，尽量避免对山体的开挖和回填
外部环境也是体现其对地形和景观利用的重要方面	到度假酒店消遣的人群，最基本的目的在于寻找城市中没有的环境和生活体验，因此，度假酒店外部环境景观所占面积与投资比例要远大于城市酒店。同时，外部的环境可以看做是度假酒店与当地自然环境的过渡部分，决定着度假酒店与当地环境的融合程度

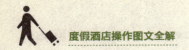

② 气候条件：避免人工调控，通过自然调节

度假酒店通常避免对室内气候进行人工调控，而采取与地域气候环境相协调的做法，即通过自然的方式来调节建筑内部的气候。其原因主要有以下3个方面。

通过自然方式调节室内气候的原因

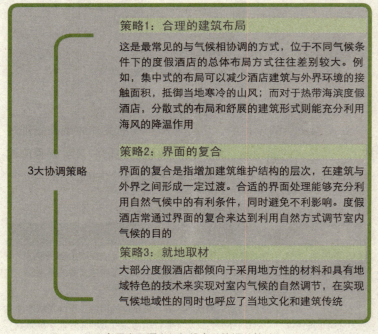

实现度假酒店与气候条件协调的策略

③ 优雅自然环境对人类健康的影响

度假酒店优雅的自然环境医疗作用的具体表现

自然环境的医疗作用	观赏自然景色有利于降低血压
	观赏自然景色，特别是水景和植物景观，可以起到松弛神经、增加脑波的效果（脑波的增加与放松感有关），体验自然美景可以减少心理上的焦虑和情绪上的紧张
	景观疗养能减轻心理痛苦，且心理痛苦越大，疗养效果越明显
	客房窗外有青树绿草，病人的健康恢复率要高于那些仅仅面对砖墙的病人
	阳光的照射对人体健康至关重要，自然光对病人恢复健康有益
	自然声音，甚至录制的声响也有益于松弛神经，减少紧张感
	温泉浴有益于治疗疾病
	鸟语花香可以减少人类思维的失误
	空气负离子浓度较高有利于人体健康

（2）文化因素

从某种意义上说，度假旅游是一种文化消费。因此，度假酒店不应该像城市商务酒店一样一味地追求奢华、讲究排场，而是要通过某种文化的主题来营造一种浪漫、休闲、舒适、淡泊的度假氛围。

现在，建筑师们进行深入研究，注意挖掘历史遗产，并以创造性的、具有时代性的方式运用这些遗产要素。通过材料、形状、样式，如屋顶轮廓线、对窗户的处理、传统的图案、当地的建筑材料等，将本土化的设计基础精致地运用于具有时代特色的建筑形式中。如巴厘岛的里茨·卡尔顿（Ritz Canton）酒店，低矮的建筑群、茅草屋顶、色彩鲜明的巴厘式房门、石灰石雕刻、石板大理石地面，还有那些艺术喷泉、蜿蜒的百合塘、麦浪似的草坪，共同组成了一幅巴厘岛特有的画卷。

随着人们对精神生活要求的提高，文化因素在度假酒店的设计中占有越来越重要的地位。如利用现有的历史遗迹，令度假游

以地域文化为底蕴的酒店空间充满生命力

酒店空间营造往往也以地方文化为背景，使装饰充满可持续发展的生命力。榕江大酒店，濒临榕江，背依黄岐山，依山傍水，自然环境优越。此项目围绕"岐山、榕水"的文化主题，通过现代的装饰材质和表现手法，运用中国传统的宫廷色彩——金、红、黑、白，营造一个富有地域特征的酒店空间。设计中多处采用隐喻的手法，如莲花的装饰纹样体现榕城其水上莲花的美称，水体代表榕江。宾客到达酒店便体会地方文化的人情风俗，备感亲切。

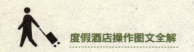

客以探索的方式追寻古老的传说；以展览的形式，向度假游客展示当地的文化胜迹；将整个度假酒店按某个"故事线"（Story line）展现出来，使游客置身其中，获得更多体验和收获。

（3）材料因素

当酒店的开发经营者对玻璃、水泥、瓷砖等千篇一律的标准化材料及其构成的景观望而生厌时，传统的地方材料及其特有的材质特征重新获得他们的青睐。长期生活在一个地方的人们，对这个地方建筑材料的认识已不仅仅停留在物质层面上，这些材料的质地、肌理、色彩甚至气息都与他们的日常生活水乳交融，构成了他们记忆和情感的深层内容，成为当地建筑传统和文化的一部分。

如今，合理运用当地材料的做法越来越被开发经营者所认可，其优点表现在：

①增强度假酒店与当地自然环境的融合

传统建筑所采用的材料通常是经过长时间的实践证明最能与当地的自然环境（地形、气候等）和谐一致的选择。这种和谐体现在与地形地貌的呼应、对气候的适应等方面，因此，在度假酒店中采用地方材料可以延续这种和谐性。

②体现了当地建筑的传统和文化特色

采用当地材料的度假酒店能很好地体现当地建筑的传统和文化特色，为度假游客营造一种富有当地特色的体验环境。

③具有经济方面的优势

由于运输的便利性和价格的廉价性使采用地方材料的度假酒店在建造其间和以后的维护都具有经济方面的优势。

富春山居度假村位于杭州山水秀丽的富阳市富春江畔

条件2
市场条件

度假酒店的开发过程始于对市场消费力量和潜力的估量，绝大多数度假酒店的开发以短期内经营能带来利润为目的。

（1）市场细分

市场细分常用方法是根据市场的人口统计特征和社会经济特征，或根据游客的地理特征、心理特征、行为模式、消费模式和消费倾向等进行细分，多种细分方式通常是相互结合运用的。

（2）市场竞争

市场可行性研究包括来自其他度假酒店的竞争分析。一方面，在一个度假酒店的生命周期中，市场的人口统计特征和生活方式会发生变化，度假酒店本身也可能会有所变化。另一方面，经营管理者必须仔细研究来自其他度假酒店的竞争信息，以判断市场是否已经由于竞争对手的存在而达到了饱和，竞争分析有助于发现其他未被全盘占领、较为有利可图的市场。

杭州酒店业市场调查

杭州竞争酒店整体业绩水平（截至2006年）

	酒店类别	客户数（人）	住宿率（%）	平均房价（元）	平均每间房收益（元）
高档竞争酒店	杭州凯悦酒店	390	59	1202	709
	香格里拉酒店	315	69	870	600
	索菲特西湖大酒店	200	68	783	532
	杭州国大雷迪森广场酒店	285	64	835	534
	浙江世贸中心大酒店	393	66	518	342
	高档酒店平均水平	317	65	842	543
中档竞争酒店	假日酒店	294	67	486	325.62
	维景国际大酒店	380	69	480	331.2
	浙江国际大酒店	212	71	380	269.8
	华美达	241	69	417	287.73
	望湖宾馆	406	87	559	486.33
	华庭云栖度假酒店	220	63	509	320.67
	开元名都大酒店	512	75	480	360
	中档酒店平均水平	324	72	473	340.19
整体水平	统计	321	69	657	442

（3）市场定位

通常依据休闲度假的市场需求，对拟开发的度假酒店进行SWOT分析后，经营管理者会以某些细分市场为目标来开辟度假酒店的市场，并以目标细分市场的特定需求为依据，知道度假酒店的选址、建筑设计以及设施配备等，并制定完整的产品、服务和营销等方面的市场方案。

经筛选的竞争酒店市场供给与需求发展趋势（2001—2006年）

档次划分	时间（年）	日房晚供给量	日房晚需求量	住宿率（%）	平均房价	平均房价增长率
高档酒店	2001	1062	529	50	657	—
	2002	1062	774	73	595	-6.7%
	2003	1247	834	67	640	7.6%
	2004	1412	949	67	790	23.4%
	2005	1652	1144	69	864	9.4%
	截至2006	1583	1022	65	842	-2.5%
中档酒店	2001	1534	1090	71	394	—
	2002	1534	1144	75	411	4.3%
	2003	1534	1077	70	445	8.3%
	2004	1534	1213	79	482	8.3%
	2005	2266	1611	71	503	4.4%
	截至2006	2481	1786	72	473	-6%
整体	2001	2596	1619	62	474	—
	2002	2596	1893	73	485	2.3%
	2003	2781	1860	67	530	9.2%
	2004	2946	1980	67	617	16.4%
	2005	3918	2755	70	653	5.8%
	截至2006	4164	2873	69	614	0.6%

条件3

资金条件

酒店的开发要比其他大型建设项目的风险大，与写字楼、公寓楼或者购物中心的出租率相比，酒店客房的出租率更容易受经济波动的影响。对度假酒店的投资可分为土地、建设框架、内部资产和经营系统几部分。

度假酒店开发的投资特点	
特点1	土地、建筑物以及供游客使用的度假设施等固定资产的成本很高
特点2	最初几年的投资回报通常很低
特点3	贷款偿还期长，最初几年的现金流动少

在度假酒店的开发期，必需测算金融环境、资金筹措、资产、负债、损益、现金流量等相关指标，制定优化的度假酒店投资方案。

（1）资金筹措

度假酒店的资金筹措主要分成两个阶段：

阶段1：期间融资——多渠道融资形式

风险资本承担实地考察、场地开发和建筑工程的费用；公司权益以及短期贷款提供酒店装备和筹建期成本所需资金；期间费用通过银行透支和项目与其销售的中期融资方式进行支付。

阶段2：长期开发融资——产权与经营权分离

随着争夺贷款的竞争日趋激烈，度假酒店的所有者有时需要在贷款磋商中向贷方出让一小部分产权，使贷方也能参与利润分成并对项目具有更大的控制权。同时，产权与经营权的分离有利于度假酒店以更快的速度进行扩张，能够同时经营更多的度假酒店，单纯依靠自身的资金积累是无法做到这一点的。对现有度假酒店进行收购所需的部分资金可在购买建筑物或场地的同时，以

出售和回租的方式进行融资。

（2）不动产交易

由于土地迅速升值和通货膨胀，度假酒店的融资方式已扩大到包括下列不动产交易：

方式1：将度假酒店"闲置"的地产出售给开发商，供其建设度假屋、退休养老住所和公寓楼；

方式2：将成批的度假酒店客房改成公寓单元，或扩建现有的度假酒店，增加公寓单元出售给个人和公司；

方式3：将公寓单元改成分时产权或交替产权制单元，出售给个人和公司。

从长远角度看，不动产交易对度假酒店有利有弊

利好	将度假酒店地产出售给度假屋和公寓楼的开发者，可以扩大常住人口的基数，更好地利用那些度假酒店的基础设施
	人口基数的扩大可以提高造价昂贵的娱乐设施与运动设施的使用率，而这些设施在度假酒店与其他度假酒店的竞争中是不可缺少的
弊端	如果没有适度的发展控制，公寓楼和度假屋可能会散乱地树立在度假酒店的周围，杂乱无章，减弱甚至破坏度假酒店应有的豪华舒适、轻松愉快的形象
	无限制地发展不动产项目会给现有的度假酒店（尤其在边远地区）的基础设施带来过度的压力
	度假酒店的地产用于开发会导致度假酒店环境的改变

曼德勒海湾赌场度假酒店场面宏大，一切都很豪华

曼德勒海湾赌场度假酒店外观

条件 4

社会条件

　　虽然度假酒店的开发能够为酒店所在地带来经济利益，如就业、新的收入、税收等，但目的地社区同时也要承担一些成本。某种程度上，目的地社区必须承担基础设施（如道路系统、给排水系统、电网系统、污物收集与处理系统等）建设的成本，同时要面对因度假酒店的消费而导致的通货膨胀效应以及住房紧俏等问题。另外，新的度假酒店的开发会带来社会影响，这种社会影响的程度取决于 许多因素 。

　　包括游客与居民之间在文化和经济方面的现有距离，目的地在不过分影响当地传统的前提下容纳游客的能力以及游客所从事的活动的类型等。例如，考虑到赌博的性质及其所涉及的大量为现金交易，赌场型度假酒店出现的犯罪和腐败现象往往比骨雪或海滨型度假酒店要多。

（1）促进社区生活质量提高

　　任何一种商业活动都可能激起当地社区某些居民的不满情绪，在旅游业中，这种不满情绪以及接踵而来的反社会行为有时是直接针对游客的。大多数有关游客对度假地吸引力的看法的调查表明，游客所感知的当地居民的友好态度是度假地最关键的属性之一。由于员工及当地居民的粗暴无礼或对游客的犯罪行为而形成的反面宣传，会使度假地的游客人数急剧下降。社区的不满情绪常常表现为员工士气低落、生产率低、服务质量差、办事拖拉等，所有这一切都将对度假酒店的质量、名声、赢利能力造成显著的影响。

　　为了避免与社区形成恶劣的关系，促进社区生活质量的提高，提升游客在度假酒店感知质量，管理方应采取两步式的社会影响战略：第一步是要找出开发可能会造成的社会影响，然后制订出一项行动计划，将积极影响扩到最大，将消极影响缩到最小；第二步是要让社区参与到规划和开发的过程之中，使居民感到度假酒店的成功与他们也有关系。

（2）保持当地本土文化或原生态文化的生命力

　　在文化方面，度假酒店开发所产生的影响更难以评估。开发可能会促进当地艺术和风俗的改进，也可能会导致当地艺术和风俗的退化。从积极的方面看，这意味着就业机会的增多，意味着当地艺术家、音乐家和工匠所提供的产品和服务有了一个可以赖以生存的市场。核心层艺术家的就业，反过来又可能会激发当地居民对当地的文化传统重新萌生兴趣。但是，就其内在本质来讲，将一度作为仪式或传统而存在的文化变成赚钱的工具供日常出售或表演，这会削弱当地文化的文化价值，使当地居民丧失对自己的艺术、宗教和传统的尊重。

因此，保持当地本土文化或原生态文化的生命力和真实性，应该成为度假酒店经营管理者的基本目标。巴厘岛度假旅游发展目标之一就是支持并提高巴厘传统的宗教习俗和社会习俗，保护当地现存的小型印度教庙宇，供巴厘员工使用，也供旅游者参观。

巴厘岛宗教庙宇

条件5

环境管理

开发度假酒店对于物质环境的影响

范围	内容
对自然环境的影响	土地、水和空气的物理环境、化学环境和生物环境的影响
对生态系统及生物多样性的影响	包括对陆生和水生物种、植物群、脆弱生命等的影响
对视觉环境和听觉环境的影响	衡量度假酒店及其设施给度假目的地带来的物质环境影响时，还应考虑到次一级的环境问题，即拥挤和污染的问题

度假酒店通常位于风景胜地，这些风景胜地的形成往往需要几百年、几千年，甚至几万年的时间。为了不破坏自然景观，度假酒店在开发规划和经营管理活动中，应贯彻可持续发展的原则。

在开发规划方面要注意的问题

在开发规划方面要注意的问题	基础设施建设对自然景观的影响
	游客和居民可能对自然环境的破坏
	采用符合国际标准的绿色建材
	杜绝空气、水、噪声及垃圾的污染
	不盲目追求"设施齐全，应有尽有"，避免"城市饭店化"和"物业小区"式风格

在具体环境管理过程中应采取的措施

在具体环境管理过程中应采取的措施	利用大气、阳光、温度等气候条件，营造度假环境；对异常天气或灾害性环境，如雨雪风沙等，应建立预案
	合理处理污染问题，确保水质清洁和水面漂浮物及时有效的清理，制定灭菌和控制病菌传播的措施
	对鸟类、昆虫及其他小型动物实行资源化管理；对有害动物，如蚊子、苍蝇、蟑螂、老鼠等，应制定合理的处置措施
	及时清理有碍观瞻的落叶残草，保持并充分利用植物形态的美观，完善酒店景观
	根据当地特色，营造独特的环境和景观

珠江南田温泉度假区地处大型医疗热矿水田区，保护好地热田矿水资源就是对该度假区最好的经营

度假酒店开发4大关键节点

开发一个度假酒店，特别是较大型度假酒店，是复杂耗时的，涉及许多相关的活动。从前期的构思、规划和启动到可行性研究，再到后期的谈判及规划建设，每一个节点都要谨慎操作。

节点1	节点2
前期：构思、规划和启动	策划定位：可行性分析
节点3	节点4
承诺：双方谈判	规划：设计、布局和建设

度假酒店的开发者必须把一些各领域的专家组织成一个小组，这个小组中的专家应该有以下背景。

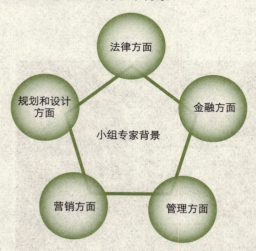

小组中专家应该具备的资历背景

注：①法律方面——律师；②金融方面——金融分析员、技术分析员和金融家；③管理方面——建筑经理、项目经理和酒店经营人员；④营销方面——市场和财务分析专家、市场与公众关系顾问、销售经理和实际财产代理人；⑤规划和设计方面——土地/场所规划者、建筑师、景观设计师、工程师、社会工程专家、娱乐设施顾问和环境科学家。

　　一般来说，度假酒店的开发过程是由4个阶段的活动组成的。

度假酒店开发的阶段

　　在度假酒店的开发过程中，总体规划和设计本身并不是一成不变的。任何重要计划执行之后和重大变化产生之后，总体规划和设计对这些都要有所反映。由于完成一个度假酒店的开发需要几年甚至几十年的时间，因而，不断更新总体规划和设计使之切合现状，有助于对当前和长期的决策的制定。

在更新总体规划和设计时考虑的因素

因素	内容
土地	追加土地的购进，满足未来需要的闲置空间
资源	度假酒店从社区获得的资源的变化
基础设施	辅助性基础设施的扩建以及影响度假酒店环境、经营、市场和竞争地位的变化

节点1

前期：构思、规划和启动

　　在构思、规划和启动这一阶段，小组的专家成员要研究并协助阐明以下几个基本问题。

专家成员要研究并协助阐明的问题

问题	内容
度假酒店的形象	总体开发是传统型还是现代型；提供全面服务还是建设主题度假酒店；如何进行景观美化；度假酒店的形象是否和连锁中其他酒店的形象一致
度假酒店、公寓楼的选址	建筑的选址和方位导向是否有利于最充分地利用周围景观和其他环境优势的经济价值

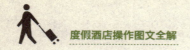
度假酒店操作图文全解

问题	内容
高尔夫球场、网球场、滑雪场、游艇码头以及其他娱乐场所的选址	度假酒店的客房占用率在很大程度上取决于为客人所设的娱乐设施的质量、可用性和方便程度，从这个意义上说，娱乐设施是度假酒店吸引客人的王牌。这些因素同样可以提高度假酒店、公寓楼的市场价值，开发者和经营管理层之间也可能由此产生潜在的利害冲突
度假酒店内交通系统的设计和停车场地的配备	是否考虑了团体和会议交通的需要；通往住宿设施的通道是否方便进出；是否很好地与整个交通网络连在一起
餐饮、购物、存放娱乐旅行用品的设施的配备和选址	这些设施的选址是否方便客人使用；这些设施是否很好地与度假酒店的总体交通布局和运输系统连成一体；设计是否达到了充分利用土地的效果
提供扩建住宿设施、增设娱乐设施和扩大交通系统的余地	是否留有足够的空间以便将来扩建；是否考虑了经营的额外需要，如可供使用的水源、能源以及储藏设施
员工住房、学校、教堂等满足员工其他需要的设施	当地是否有供中、低收入水平的人居住的房屋；如果度假酒店处于偏僻地区，则酒店必须满足员工的需要以便保持充足的劳动力供应
为度假酒店提供服务的洗衣店、机械维修部、仓库、电话和其他形式的内外通信系统	这些设施的位置是否适中；是否与交通的流向一致；是否有特殊的建筑要求；配套服务设施的设计和工程要求如何；度假酒店的管理和人员的组织结构怎样设计；度假酒店在维修和更新方面采取什么政策；当地对建筑物、供水和消防安全有些什么法规；水源、食品和供给的储存方面需要考虑哪些特殊要求；需要向游客和雇员提供什么服务；如果游客延长逗留时间会产生哪些特殊要求；上述因素引起的总的能源需求量是多少；能源怎样供给；从资金的交替使用方面考虑，应采取什么战略方法保护能源；度假酒店需要什么类型的技术系统
运输商品、供应物资、搬运垃圾，保证度假酒店各处的安全和维修以及与员工有关的其他交通流动所需要的运输总系统的设计	满足游客和其他人员所需要的商品和物资的预计量是多少；时间如何安排；距离最近的物资供应市场在何处；固体垃圾如何运出酒店；在物资的运送和接收方面会遇到什么特殊要求；员工们有什么其他活动会引起大的交通流动
度假酒店餐厅、卫星餐厅、小吃店和其他客用餐饮设施中的菜单设计	为满足目标市场的需求，各类设施中需要提供何种菜单；制作和供应这些菜单上所列的菜品，需要何种设备和制作空间；拟建厨房应具有何种应变能力，才能满足因未来市场口味改变而导致的增添设备、改变制作和储藏方式等要求

续　表

问题	内容
有关营销度假酒店产品的初步构思	在度假酒店的住宿设施、卫星餐厅和其他设施中强调什么主题；为各个区域设想的是何种装饰；拟订了何种营销方案；采用什么类型的广告和招牌；因地处偏僻而造成的开展营销所需的各种设施，是否都得到考虑

节点2

策划定位：可行性分析

　　实施一个项目通常都是建立在潜在市场需求的基础之上。根据可能的市场需求，做出最初的估计，然后对可选择的几个市场做市场调查，选出其中一个目标市场进行深入分析，最后再把开发小组组织起来。市场可行性研究有助于度假酒店做出合理的开发规划。此外，传统的借贷投资者要求借方进行市场可行性研究，而集股投资的各方也较喜欢开展这种研究，这两种投资是度假酒店从后期开发阶段到工程竣工所不可缺少的。

综合性可行性研究的主要内容

研究项目	研究内容
项目进行地的概况	包括当地的经济气候、政治稳定性、人们前往该地旅游的趋势、社区支持与否以及自然气候情况
市场分析	主要考察游客的类型和数量、客源来自何处、市场需求、季节模式及其他数据
选址的自然特点	尤其要提到选址的优势和劣势，其他可能备选的地方，以及住宿设施项目的自然特征
财务信息	如预计的资本需求量、现金流量表、资产负债表、预计收入计算书（即通常所说的预算书）
其他信息	如进口税和对建筑或经营所需材料的进口限制等
综合意见	专家对项目的可行性的共识和反对意见

节点3

承诺：双方谈判

　　最初的开发必须得到一些机构的批准，征得社区居民的同意。承诺阶段涉及关于开发项目许多方面的最终谈判。承诺可能

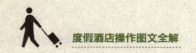

以正式协议的形式出现，也可能以意向书的形式出现，还可能以其他有约束力的法律文件的形式出现。承诺阶段包括以下方面。

（1）资源开发阶段

① 土地配置、购买；

② 经营实体关于协助开发和提供资金援助的协议；

③ 如果需要，挑选一家度假酒店并与其签订关于特许经营权、从属关系和（或）管理援助方面的协议；

④ 获取选址的开发权；

⑤ 制定总体的土地利用规划。

（2）项目规划阶段

① 挑选项目建筑师和工程师；

② 挑选项目开发商；

③ 修改完善项目开发成本预算、时间进度安排和各种图纸。

（3）经营管理阶段

① 融资、开发和经营各方之间达成协议；

② 获得必要的与环境有关的文件及其他方面的政府审批和许可；

③ 确定所有制结构并获得融资资金。

节点 4

规划：设计、布局和建设

在开发的后期阶段，关于度假酒店建筑的设计和具体布局已经初步拟定下来。根据对选址特点和对各部分土地用做特定用途的适宜性的大量分析，度假酒店各组成部分总的土地空间分配方案也随之确定下来。度假酒店的景观美化和土地管理在布局中十分重要，因为度假酒店有形建筑所占空间很少超过土地总面积的10%，当然，这会依据度假酒店具体娱乐项目的不同而有所差异。

　　建筑上的设计和布局要从构造、物质、社会、文化和心理几方面的因素进行考虑。构造方面的考虑涉及对土地的最佳利用以及建筑材料和形式的选择；物质方面是有关拟建建筑的考虑；社会、心理和文化方面的考虑与将要使用该建筑的客人有关。而有关土地分区使用的规定和建筑条例，对于决定如何利用土地，如何根据进入度假酒店的路线确定各个组成部分的位置，以及如何按照建筑物从街面缩进一定距离的规定对决定建筑物的位置都有着潜在的作用。

　　建筑设计图纸和具体布局完成之后，一旦获得了资金，签订了酒店管理合同，项目计划获得了批准，开发班子中便要增添一个新的职位——项目管理人。项目管理人将与建筑师、施工队和内部装饰设计师一起，共同制订完成项目的详细计划和进度表。最后，起草和执行各种施工管理文件，和酒店的实际建设构成了施工阶段的全过程。

三亚致远度假酒店是新建成的别墅式度假酒店，位于三亚亚龙湾国家旅游度假区境内，背山临海，风景别致，四周是浓郁的风土人情、独特的热带风光

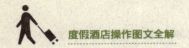

 # 度假酒店综合体专业设计规划

关于度假酒店综合体的设计，设计者需要重点考虑以下6个设计原则。

原则1	原则2	原则3	原则4
围绕休闲主题	考虑游客体验	满足技术要求	建筑风格的地域化创新

原则5	原则6
平衡成本与游客满意度	景观先导的理性化过程

原则1

围绕休闲主题

（1）要形成整体氛围

三亚荷泰海景酒店海景客房通透明亮

要形成整体氛围，必须从建筑物、标志物、环境设施和环境品质上突出自身的特色，力争成为当地的标志性建筑。如地中海俱乐部几乎在世界上每一个度假地区都获得了发展，已经建立了一个有一贯风格的、以低矮的少层建筑形式和重视当地文化的民族文化传统为特色的度假王国。这些度假王国的设计师在设计时，突出强化地中海俱乐部创始人，强调俱乐部生活方式中的自然环境和户外活动导向的理念。

（2）室内设计应突出通透性和宽敞性

突出放松、健康、周末之家的氛围。商店、休息厅、游艺室、图书室、音乐室及文娱室等设施则应进一步增强休闲消遣的气氛。餐厅及其他餐饮设施必须适应各种不同的需求：享用新奇的菜肴、从容就餐、跳舞及应酬娱乐、提供快餐服务等。

（3）消遣活动给客人带来愉悦感

消遣活动及健身设施通过刺激和开发客人的体能来增强愉悦感，有些度假酒店专门致力于个人的全面康复，包括身体、头脑和精神的康复。

原则2
考虑游客体验

度假酒店的主要目的是为度假市场提供服务，其规划与设计意在满足每一位游客的非商务活动需求，令游客感到最大的满足和愉快。为了达到这一目的，在设计度假酒店的度假设施和娱乐活动时，必须对度假酒店及游客的角色有清楚的了解，遵循游客行为惯例，力求通过优质服务来满足每位游客的需求。

原则3
满足技术要求

（1）考虑到满足客人的舒适性要求

度假酒店的设计必须满足特定的技术要求，如建筑物高度适宜，不破坏天际轮廓线，不突兀，能自然地融入当地环境，强化对自然的忠实性。在规模和数量方面，娱乐活动场所的规模必须足够大，而且必须提供满足各种需要的娱乐活动设施。如专业滑雪者的速度极快，所以专业滑雪者滑道的游客密度必须小于一般滑道。

要点提示

研究结果表明，意愿和参与之间存在着明显差异，提供一项具体活动，在被问及是否想参加时，大部分人都表示愿意参加，但实际并没有参加。另外，由于个人对一项活动不熟悉，所以他们也可能会表示不愿意去尝试。起初，一项活动的需求可能会被高估；后来，则可能会被低估。因而，经营管理者必须十分谨慎，不要把自己的观点当成客人的观点。

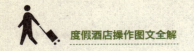

（2）考虑到自然因素

在设计娱乐活动设施时，设计者必须考虑自然因素，如：

网球场的位置应避免阳光直射运动者的眼睛；

在观光高峰时间，阳光应照射在观光者背部；

沙滩应尽可能沐浴在阳光中；

露营地需将东部暴露于阳光中，这样，早晨的光线有助于排除湿气，而阴凉可以缓解午后的炎热；

微风有助于驱散野餐的烹调味，而大风对网球运动的负面影响就如同它对船舶停靠船坞所造成的不利影响一样；

降雨量大的背风坡和面北坡对娱乐活动的影响较大，这些山坡适合滑雪和滑雪橇等运动，不适合铺筑公路。

（3）考虑到人体工程原理与需要

设计者必须考虑人体工程的原理和需要，如：

保证各种设备和设施及用品的舒适、易用和安全；

适当的设计可以鼓励好的行为，限制不好的行为；

将相似的活动放在一起并设置缓冲区，将不相容的活动分隔开来，可以提高活动的安全性等。

原则 4

建筑风格的地域化创新

"建筑是凝固的乐曲"。乐曲如果缺乏旋律，就等同于噪声，而缺乏文化的建筑像缺乏旋律的乐曲，将会失去灵魂。建筑反映的不仅仅是一门专业技术，在更大层面上体现的是文化，尤其是地域文化。通观世界各地，建筑往往是地域文化的主要载体，而文化则成为这些建筑的灵魂。如何将人的意愿表达在建筑上，让建筑无形的力量体现出永恒的主题，这些都只能通过"文化"来实现。

度假酒店与一般城市酒店不同，大多建在滨海、山林、峡谷、湖泊、温泉等自然风景区附近，这些地域往往有很多特有的文化可以挖掘，例如我国云、贵、川、藏等地区拥有着浓厚的中国少数民族文化，东北以及沿海地区不但拥有博大精深的中华古老文化，同时也将大量外来文化留在这里。将这些文化凝固在建筑设计上才能使人与传统地域空间不致趋于分离，才能更好地将建设项目融入所处环境中，甚至可以成为一个区域中的点睛之笔。所以地域化、民族化建筑将是度假酒店建设的必然趋势。

在具体度假酒店的设计工作中，只要把握好地域化的整体布局和色彩体系；控制好宜人的空间环境和建筑尺度；尽量应用可就地取材的建筑材料和适当添加地方特色的附加装饰；并将可持续性的理念贯彻始终，就大体可以完成一个较好的地域化、本土化的基础设计方案。但是，这样还远远不能体现度假酒店的特质，必须在此基础上有所创新。同前面所进行的比喻，乐曲如果旋律平平，就不能给人以更好的艺术享受，建筑也是如此，过于循规蹈矩，就不能给人以感观的震撼和深刻的印象。创新地域化设计将是打造特色化度假酒店的重要手法，一定要用艺术家的眼光，从创造艺术品的角度，兼顾设计要求，在承袭上大胆创新。

案例　九华山国际会议中心的设计思路

在九华山国际会议中心的建筑设计中，就遇到这样的问题——在徽派建筑艺术的发源地做徽派建筑。从一开始，设计者就明确，绝不能简单地复古去做传统徽派。那么做什么呢？做创新徽派！为了做好创新徽派，在"取形"和"取意"间推敲和探索创新和继承的问题。"取形"自然会使传统的东西表现得直接而显露，不过这样的继承难免过于浅薄，并且复古味道重了一些；"取意"着眼于神似，设计的东西会深刻一些，但也有不知所云的嫌疑，如过分含蓄，又使人不能与传统相联系。几经反复，决定二者同取，形神兼备。一经了悟，那种突破和创新的设计激情便油然而生。想法虽然过于胆大，但在科学与艺术完美结合的设计理念下，必然能够造就一个形似神游、神似形移的艺术作品。

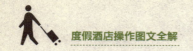

原则 5

平衡成本与游客满意度

　　度假酒店设施的设计，平衡货币成本与游客满意度是关键。在这方面，如果满足了游客需要而不能获得利润，那么很快就会被迫退出业界；如果获得了利润而没有满足游客的需要，那么很快就会失去游客。降低成本必须要考虑对游客利益造成的影响，必须在二者之间选择一个有效的平衡点。度假酒店的休闲康乐设施既为酒店带来了利益与机遇，又为酒店增添了经营管理的成本与风险。

度假酒店休闲设施存在的利弊

利益与机遇	成本与风险
①市场吸引，适用于商务度假和休闲度假游客 ②促销用途，增加周末、淡季的房间销售量 ③俱乐部会员，产生会费收费和其他销售收入	①巨额资金成本，用于场地建设、装备和设备 ②占用大量土地，如修建高尔夫球场、游乐区 ③增加排污、灌溉和建筑工事 ④不间断的安全监控 ⑤高额的运营成本和维修费用 ⑥使用期限短，受季节、气候影响大

原则 6

景观先导的理性化过程

　　设计既是艺术，也是科学。奇思妙想的设计必须经过严密的分析论证，多视角、多方面的理性剖析、综合比较。在度假酒店的设计中，不能简单地把建筑以外景观环境与建筑本身分开来看待，不能只是草草地绿化一下了事，更不能机械地为造景而造景，而应该理性地分析建筑与景观之间的关系。景观从属于建筑的同时建筑同样也可以从属于景观，应通过深入的分析和研究，形成两者之间均衡和谐的关系。

　　对于大部分度假酒店设计项目而言，在设计梯级中，占据比例最大的是功能性的需求，如使用面积、空间数量以及各个空间联系或隔绝的复杂布局；其次是生理及心理的需求，如噪声、私密性、舒适度、温馨感等比较抽象的概念；然后一个层次是美学的阐释。那么在解决景观配套问题的优先顺序上也应该由基本使用功能的解决逐步上升至内部或外部空间效果的追求上。在此过程中，科学的做法是建筑设计与景观设计同时进行，而在多次实践中，我们发现景观先导理念的应用更能充分体现设计者的思路。

所谓 **景观先导**，即在一个度假酒店项目的设计阶段中，在"现场调研、提出问题、分析论证、规划设计"的步骤之初，就把景观设计思路充分融入其中。

即首先着重对地块内各项条件进行全面详尽地理性分析，并对建筑布局和景观布局的优势及劣势进行归纳，在此基础上提出对项目建设形成制约的关键问题，并从设计的专业角度，对各个问题逐一提出解决方案，经综合权衡比较后确定最佳的解决方案。在一系列理性的分析之后，开始构思方案草案，直至深化完善完成最终设计成果。

度假酒店综合体的基本构成要素

就综合结构而言，不同的度假酒店在面积、位置、吸引物、便利设施、气候等方面各不相同。尽管如此，以下构成要素，无论是其中的一部分或全部，都是所有度假酒店的基本构成。

要素1	要素2	要素3	要素4	要素5
建筑公共空间	住宿设施	景观设施	餐馆设施	交通设施
要素6	要素7	要素8	要素9	要素10
娱乐活动设施	商业服务设施	后勤设施	无障碍设施	会议设施

要素1

建筑公共空间：游客度假活动的场所，建筑与景区融合的媒介

度假酒店的建筑公共空间是度假酒店建筑设计的重要组成部分，它为游客的各种度假活动提供了场所。度假酒店建筑公共空间主要由4个部分组成：空间序列的开端——入口空间；空间的高潮——大堂空间；建筑的内街——中庭空间；建筑与自然的对话——廊道与露台空间。这些空间组成了度假酒店建筑内部的开放空间体系，它既是酒店内人流集散和休憩的主要场所，也是建筑与景区环境相互渗透、相互融合的媒介。

度假酒店建筑公共空间的组成

（1）入口空间

游客抵达度假酒店后，首先看到的就是入口部分，它给游客的第一印象直接影响着游客对于度假酒店的整体感觉。入口部分对于度假酒店来说，不仅是供游人进出的通道，更是建筑主体与自然环境之间的过渡空间，是整个公共空间序列的开始。

（2）大堂空间

大堂空间是度假酒店建筑公共空间体系的核心部分，它既是信息、集合和放松的中心，又是空间视觉景观轴线上的重要节点，是室内空间与外部环境相联系的媒介。大堂作为主要的流通场所，指引游客去往前台、电梯、餐厅、酒吧、会议室、宴会厅、商店、健身俱乐部和其他公共空间，它也是游客非正式的聚集地、休闲区和安全控制区，工作人员在此可观察到酒店内外的情况。

海南天上人间热带雨林温泉度假酒店大堂

三亚鸿洲埃德瑞度假酒店大堂

常州香树湾花园酒店中庭

（3）中庭空间

中庭是指建筑物内或建筑物之间的有顶的多层空间，用做到达与流通的集中点。度假酒店的中庭空间是游客活动的场所，具有休闲广场的功能。中庭是多功能的休闲行动的载体，可以在其中休息、娱乐、交流、观光，甚至进行酒会、舞会或音乐会等。中庭的愉快气氛进一步强化度假环境的氛围，诱发度假行为的形成并促进游客之间的交往。另外，中庭空间以其独特的形式加强室内通风、接纳更多自然光，可以调节室内微环境。中庭通透的屋顶使游客免受风吹雨淋，也能感受到大自然的美妙。多层通高的中庭也是室内外环境的缓冲区，对改善室内气候环境具有重要作用。

（4）廊道与露台空间

廊道是度假酒店中联系各功能空间、公共部分与客房部分以及客房层中的每个房间的交通空间，具体来说主要是指各种通道、走廊和连廊等。在度假酒店，廊道的作用常常不只是局限于基本的交通功能，特别是对于公共部分的走廊和通道来说，它还可能成为游客散步、休憩和欣赏风景的场所。可以说廊道是大堂空间的延伸，它是联系室内外环境的媒介，是游客欣赏户外景色、交谈、休息的休闲空间。

露台及屋顶平台是一种度假酒店建筑内部空间与外部环境之间的过渡空间类型，是公共空间向自然环境的延伸，也是走廊外侧的扩充部分。它能够为游客欣赏自然、感受自然提供直接对话的媒介，为游客提供观景、看人、交谈、读书、晒太阳等多种度假行为的空间。

要点提示

露台空间对于度假酒店来说是再合适不过了，特别是一些朝向主要景区的露台。在有些度假酒店的屋顶平台上，几乎可以欣赏到360度的景色。

要点 2

住宿设施：创造"家外之家"的氛围

度假酒店的客房形式，除了高层集中式的客房楼（群）以外，还有多层、低层集中式和别墅式、民舍式，以及帐篷、茅屋等。一般来说，度假酒店的客房类型有以下几种。

度假酒店的客房类型

客房的功能构成是以游客的行为特点为依据的。客房面积一般占度假酒店总建筑面积的65%（豪华型）～85%（经济型）。随着人口老龄化以及对平等权利的日渐关注，度假酒店必须为残疾人提供所需的设施。通常，房间总数的1%～2%必须安装特殊设备供残疾人使用。

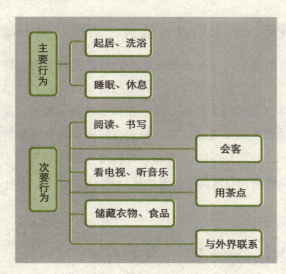

客人在客房的行为构成

度假酒店客房的室内陈设及装饰应有助于客人的身心舒适，创造一种"家外之家"的氛围，同时又必须与度假酒店的建筑风格和公共区域的环境保持和谐一致。室内陈设与装饰应尽可能地反映当地的地方文化和本土特色，从而加深客人的度假体验，不应让客人早晨醒来时有"不知身在何处"的危机感。如在山区居住的人往往会选择海滨度假，他看待客房就是看其是否充分考虑利用海滨资源进行设计。同是海滨型度假酒店的前提下，如何在客房设计中突出异质性，是度假酒店客房设计需要仔细考虑的问题。

马尔代夫海景度假酒店　　　　　　　　　　三亚金棕榈度假酒店

要素 3

景观设施：善于借景、接景、用景、融于景

　　度假酒店一般选址于风景优美的地区，其本身的环境也是在此基础上进行改造形成的一种度假环境。度假酒店的建设要以不破坏优美景观为原则，同时要善于借景、接景、用景、融于景，通过构造丰富的景观，使游客对度假环境产生鲜明的印象。有一点需要注意，度假酒店要形成一种特定风格，这种风格应建立在当地特定的文化或历史背景上。

要素 4

餐馆设施：种类多样、规划合理

　　度假酒店通常提供若干种餐饮设施供游客选择。餐饮类型根据游客的不同需要而多种多样，如中西餐厅、风味餐厅、酒吧等。除了以上正规餐饮服务外，度假酒店中还要考虑安排各种自炊、自助餐厅和种类繁多的室外烧烤。在规划和设计这些用餐设施的过程中，需设多少餐饮销售点和座位取决于度假酒店要提供多少种类型的活动以及是否向会议市场进行销售。同时，根据游客的年龄组合情况、气候、坐落位置、酒店的规模以及其他因素，度假酒店可以经营下列几种餐厅或酒吧类型中的任何1种、2种或者全部。

三亚凯莱度假酒店 自助餐厅　　　　　　　　　　　　　　三亚喜来登度假酒店海边海鲜烧烤

（1）餐厅类型

主要的餐厅类型

类型	特点
豪华餐厅	提供品种更多、更都市化的菜肴，需要品种更多的炊事器具、更多的制作和储藏空间、更大的用餐区以及更多的专业化劳动力
露天餐厅	通常是为户外烹制食品而建造的主题餐厅，如烧烤店和电转烤肉店等
咖啡厅	主要提供种类齐全的早餐、简单的午餐和晚餐，许多较大的度假饭店都设有咖啡厅
饮料吧和健康小吃吧	通常坐落在健身俱乐部内，或靠近健身俱乐部，在美国的许多地方饮料吧及健康小吃吧越来越盛行
快餐厅	食物种类有限，但都是精心挑选的或大众化的食物。快餐厅通常靠近游泳池、高尔夫球场、网球馆、滑雪场的山顶或山麓，或者在其他娱乐设施的附近

　　对各主要度假酒店餐饮营业额的普遍构成模式进行分析可知，普通客人（单独订房的客人）在主要餐厅中的用餐空间需要达到每人0.6~0.75个餐位的比例。对于会议客人（团体预订的客人）来说，这个比率要高一些，大约是每人5个餐位。如果度假酒店还接待本地社区的客人，这个比率还要随之变化。其他类型餐饮设施，如快餐店、咖啡厅和健康小吃吧等，应有的规模则根据菜单的类型、预计受欢迎程度和翻台次数而设定。

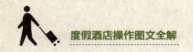

（2）酒吧设施

酒吧设施的基本类型

类型	特点
服务酒吧	设在游泳池、网球场、高尔夫球场或其他客人活动场所的旁边，是非常方便的饮料销售点
酒吧和酒馆	突出舒适、亲切的气氛，有的会供应简单的菜肴并安排娱乐活动，如客人即兴演唱、通俗乐队演唱、观看旧电影以及投币游戏机等
鸡尾酒吧	装饰得更加雅致或复杂，供应多种多样的饮料，有的还供应正餐，这类酒吧通常提供音乐演出、夜总会节目表演、舞池或电子游艺等，夜总会和迪斯科舞厅也可划入此类型

要点 5

交通设施：交通工具齐全，停车场地开阔

几乎所有度假酒店都提供交通工具、停车场地、小船坞和其他的交通运输设施，以方便客人。度假酒店所提供的交通工具包括电瓶车、大客车、豪华轿车以及游艇，甚至小型飞机，种类齐全。交通终端设施小至简易的出租汽车停车点，大至小型的自用机场。

要点 6

娱乐活动设施：综合地域娱乐项目

负责客人娱乐活动的工作人员要以不同的方式向客人提供各种娱乐活动。除了夜总会、现场表演、迪斯科等娱乐活动，度假酒店主要的娱乐活动还有：高尔夫、网球、滑雪、帆船运动、温泉康乐以及各种多媒体的视听欣赏等。另外，大多数的度假酒店都把地区性的或当地的娱乐活动通过特别安排纳入总的活动之中，如节庆、音乐会、大型体育活动以及手工艺展演等，并将这些活动与度假酒店举行的活动结合在一起。参观游览当地名胜也是度假酒店组织的重要活动，度假酒店可以安排游客单独或集体参观博物馆、艺术家聚居区、文化中心、重要古迹以及名胜等。

娱乐活动设计原则

设计原则	设计目的
自由	客人们可以自由地选择他们想参与的活动
能力的认识	客人必须能将他们的能力水平进行比较，参加那些能让他们感觉成功的活动
内在动力	真正令人满意的活动是那些能让人满足内在动力的活动
控制地点	客人们需要对活动有一定的控制，在活动中可以选择队友或活动开始的时间和地点
积极影响	令人满意的活动使客人们在参与活动的经历中感到了快乐

娱乐活动的安全要求

项目	内容
设施安全	所有项目与设施均应符合安全的规范与标准
安全制度	建立严格的安全管理制度和检查制度
人员技能	配备必要的安全防护人员，并进行相关专业知识技能培训
紧急情况处置安排	有紧急和意外情况的处置预案、设备设施及紧急医疗救护安排

其他受欢迎的活动项目

时间段	项目
白天	体育锦标赛和竞赛
	在娱乐性运动场地举行的社交集会，如游泳池畔的社交聚会
	观光旅行、参观度假酒店及共属地等
	时装表演
	艺术和工艺品展览
	野餐、烧烤、异地用餐
夜间	晚会、鸡尾酒会、告别联欢会
	主题晚会和庆祝节日的文娱晚会
	音乐会、讲座、舞蹈表演、演出晚会
	桥牌锦标赛
	舞会、宾果牌游戏、电影

要素 7

商业服务设施：扩展服务项目

　　度假酒店的商店或是自有，或是出租给他人，这要视管理层对商店潜在赢利能力的估计而定。通常，坐落在度假地的商店，大多数只出售那些售价远远高于成本的商品（晚礼服、名牌时装、珠宝首饰、瓷器、运动用品、高质量纪念品之类），而坐落在偏远地区的商店，由于当地的社区设施不是唾手可得，因而必须开设商店以满足客人需要。

　　绝大多数成功的度假酒店都广泛地利用当地资源来扩展服务项目。当地的修理店、物品出租商店、诊所、医院、有执照的托幼机构等，都被列入了"为客服务指南" 并放到每间客房内。度假酒店常常提供与这些服务设施之间的直线电话联系，甚至还为其中一些服务设施提供营业场地，如设立租车柜台、出租汽车停靠点等。

要素 8

后勤设施：作用大，不可少

　　后勤设施是度假酒店不可缺少的部分。由于度假酒店往往离城市较远，后勤员工的住宿需要长期固定住房，但其市政设施往往要比都市酒店薄弱，所以水、电、排污设施的合理布置至关重要。布置得不合理既影响生态环境，又会造成有限动力资源的浪费。由于缺少或远离外部服务场所，厨房、洗衣、维护和种植草木等设施所服务的区域往往很大。

要素 9

无障碍设施：为残疾游客提供便利

　　随着残疾人旅游市场的持续增长，一些重要度假目的地的大型度假酒店安装了便利残疾人的新设施，如加宽出入口以便轮椅

方便盲人顾客使用的盲文菜谱

顺利通过，在卫生间的浴盆及马桶附近安装扶手，降低镜子及电源插座的位置，提高水池的位置，在客房门上安装门闩把手，在餐厅内准备盲文菜谱等。

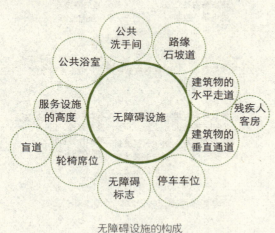

无障碍设施的构成

要素 10

会议设施：灵活、齐备

考虑会议市场的相关需求，配备相应的会议设施具有许多好处。

◀◀•••　　配备会议设施的优点　　•••▶▶

- 联合会议、大型会议和展览主要在非旅游高峰季节召开，会议开销通常是普通游客的2~2.5倍
- 会议设施（包括饮食服务在内）会有商务客人和当地公司定期光顾
- 社交集会和宴会往往在周末举办，会带来较高的餐饮收入
- 酒店房间可以被租用于展示、产品发布、接待、聚会和其他活动

配备会议设施的优点

基于会议功能的度假酒店，应提供满足会议需要的设备和设施：

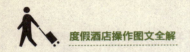

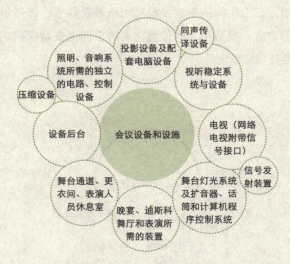

会议设备和设施

同声传译设备

投影设备及配套电脑设备

视听稳定系统与设备

照明、音响系统所需的独立的电路、控制设备

电视（网络电视附带信号接口）

压缩设备

信号发射装置

设备后台

舞台灯光系统及扩音器、话筒和计算机程序控制系统

舞台通道、更衣间、表演人员休息室

晚宴、迪斯科舞厅和表演所需的装置

度假酒店满足会议需要的设备和设施

另外，根据市场需求，基于会议功能的大、中、小型会议室要结构合理、配备完善。小型会议室和集会室的使用频率最高，它们通常被组合到一起，而且规格各异，可以通过设计和座位摆设形成另外一种座位方案。舞厅具有很大的灵活性，可以用于会议、展览、社交活动、宴会或舞会。舞厅和会议厅通常通过移动的隔断进行间隔，形成一系列的小型房间。

武陵源国际度假酒店会议室

度假酒店综合体设施的人性化布局

度假酒店综合体设施在智能化配置的同时一定不能忽视人性化布局，从总体空间到私人空间设计都要充分考虑客户的需求，以人为本。

布局1	布局2	布局3
综合体设施的总体安排	建筑公共空间的组织与设计	客房楼群的设计

布局4	布局5
私人空间的设计	室内休闲娱乐项目的创新

布局1

度假酒店综合体设施的总体安排

度假酒店综合体设施的安排取决于总体规划和设计中首要休闲焦点的性质或中心吸引物的性质。

综合体设施总体安排

提示	内容
围绕一处天然吸引物或娱乐核心进行规划和设计（矿泉、海滩、小船坞或山间滑雪地等）	核心娱乐设施（如矿泉疗养地、由滑雪坡道和拖运滑雪者上山的索道所构成的网络）要围绕这一天然吸引物来安排
围绕酒店建筑进行规划和设计	购物、用餐、文娱、停车及辅助性服务设施则可以安排在酒店建筑的周围，为了提高这些建筑的吸引力，往往需要建造花园和大量的人造景物

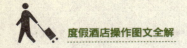

续　表

提示	内容
在业已建成的度假飞地内进行规划和设计	着眼于在一个已经建成的专门用于度假的飞地内建设酒店设施，这种度假地已经建成了必要的基础设施和地表建筑（如娱乐设施、文娱设施、购物设施、餐厅、交通工具、公用设施等）

布局 2

度假酒店建筑公共空间的组织与设计

度假酒店建筑公共空间通常是由一系列连续的、相互渗透的开放空间组成。它们的组织与设计都基于一个指导思想，那就是要以游客的需求为中心，依照游客游览和使用的顺序对度假酒店建筑公共空间的各组成部分作一系列的研究。

（1）按视觉景观轴线设计空间序列

度假酒店建筑公共空间的设计风格除需具备作为国际旅游酒店所必需的硬件、软件条件外，主要是突出自然性和地域性，强调与室外环境在空间和视线上的贯通与融合，强调空、透。视觉景观轴线设计既是度假酒店建筑整体布局的出发点，也是建筑公共空间组织的主要依据。

在以视觉轴线为核心的设计原则下，度假酒店建筑公共空间序列大致可分为以下几个部分。

度假酒店建筑公共空间序列

公共空间序列	内容
引导空间	前院和入口坡道
序列的开篇	入口空间
序列的高潮	大堂空间
序列的过渡	廊道和露台空间
序列的"终端"	自然景观

将自然景观纳入到建筑公共空间体系中作为序列的"终端"，说明度假酒店的建筑公共空间体系并不是一个独立的、

自闭式的体系，而是处于一种向自然环境延伸、过渡的"未完成"的状态，是一种开放式的空间体系，体现出建筑公共空间与环境互动、融合的关系。

（2）公共空间的流线及其设计方法

度假酒店公共空间的流线设计应该是使用者行为规律的反映，也是科学地组织、分析功能的结果。在度假酒店中，按照使用者的不同可以把流线分为：酒店住宿客人流线、酒店参观客人流线、会议及宴会客人流线和服务人员流线等。

实际操作中，度假酒店流线设计主要按照2条原则进行。

原则一：客人流线与服务流线分离

将客人流线与服务流线分离，将服务入口及卸货区安排在远离主入口而又连接服务功能区的地方，既要保证客人享受优质高效的服务，又要让客人几乎感觉不到服务人员的存在。

原则二：使不同的客人流线互相分离

尽量使不同的客人流线互相分离，互不影响，但人流的交汇有时是不可避免的，有时也是必要的。有时人的活动也会成为空间的构成因素，有助于营造活跃的度假氛围。

需要提出的是，对于度假酒店建筑来说在功能布局上较复杂的问题是后台（后勤服务空间）的位置及其功能流线组织。在度假酒店设计中，出于对环境的保护，应遵循尽量减少对环境的占用和"各向异性"的设计原则，在保证建筑外观的各向可观赏性、减少占地的同时创造便捷的、独立的对外交通。国外多采用抬高入口层的做法来解决这一问题，即将旅客入口层升至二层，在入口坡道、平台下设后勤出入口，形成立体交通形式，既隐藏了后勤区、照顾了环境景观，又形成了独自的对外交通。

（3）运用行为心理学辅助进行空间设计

在度假酒店公共空间设计中，满足客人的需求是设计的出发点。设计者要将游客的行为方式和空间环境对人们产生的心

要点提示 在流线设计上应尽量使不同人流之间互不干扰，以提高舒适性和服务效率。一个酒店流线设计的优劣直接影响酒店的经营和游客的舒适度。

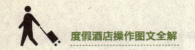

理影响作为设计的重要依据，其行为方式包括人的活动模式、生理因素与使用空间的方式。

度假酒店的空间设计

空间行为	内　容
活动模式	指的是一个人或一群人活动的空间特点和时间特点
生理因素	包括与人的活动有关的身体比例、尺寸、姿势等生理特点，以及不同人的活动能力
公共空间的使用方式	包括私密性、公共性、领域性、个人空间、人与人之间的距离、交流等内容

布局3

度假酒店客房楼群的设计

影响、制约客房楼群设计的因素很多，如环境、基地状况、总体设计等，建筑师需要审时度势、权衡轻重、凭借特定的条件进行创作。只有因地制宜，才能形成特点。

客房楼群的设计

设计因素	设计内容
环境与规划的影响	度假酒店一般都是处在风景区周围，对环境保护的要求很高，受到政府严格的规划控制，因而客房楼群设计受到的约束非常大。由于生态体系相当脆弱，因而保护生态体系是客房楼群设计的一个难点
基地形状与特征的影响	基地的平面形状、地理地形特征、风景景向与朝向等都对客房楼群的设计有重要的影响。建在风景区、山地、海滨等地的度假酒店，要特别注意客房群的景向和朝向，争取让大多数客房都有优美景观，许多低层度假酒店客房群依景生势，完全与周围环境相统一
客房楼群的平面类型	客房楼群的平面类型大致可归纳为分散式布局、水平集中式布局以及分散集中相结合的布局3大类

分散式布局。低层度假酒店多采用这种方式。它们往往依山傍水，占地大，客房结合环境和地形或以庭园式布局，客房群之间联系松散，呈开放或半开放的与环境交融的空间模式。在山区和海滨地区，许多度假酒店实际上是以成组的低层单元环绕自然

景观分散布置客房，尽量降低拥挤程度。

　　水平集中式布局。多层度假酒店因为观景的需要多采用水平集中式布局。多层客房最经济的布局方法是直线型平面，中间走道，两边客房。根据基地的形状大小，基本的平面布局还可以扩充成几种线形模式。在许多情况下，最大限度地充分利用基地的景向极为重要。

　　分散集中相结合的布局。现在度假酒店客房的发展趋向于多样建筑形式之间的平衡，这不仅是由于建筑上的原因，也是为了满足不同的市场要求。酒店的主要建筑物（客房主体部分）一般设计成突出的多层建筑物，成为使人感兴趣的视觉中心，而供家庭或团体用的单元客房、别墅和其他度假单元一般都是二、三层的建筑，可以一栋栋分开或者用平台和廊子联系在一起。

布局 4
度假酒店私人空间的设计

（1）从整体形象看内外形象的关系

　　酒店作为接待的实体要注重形式和功能的丰富、充实同时又要统一。

外部形象和内部形象的关系

内外形象的关系	相关内容
特色度假酒店内外形象统一或连续	比如结合当地文化的度假酒店，其外观和环境符号，与客房中的地域性和文化性符号相一致和匹配
常规度假酒店近似统一	比如某度假区的普通接待酒店，综合性较强，内外环境与任何度假区都勉强适合，并不具有特色，但与度假区近似统一
内外环境风格迥异的特色度假酒店	这种迥异并非完全不同，而是存在一些特色符号的呼应，如野奢酒店，外部粗犷而原生态，内部奢华且有地域文化特色，反差之中彰显个性，内外呼应而不失协调

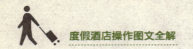

酒店给客人的整体形象分为外部形象和内部形象两部分。顾名思义，酒店的外部形象由建筑外观和外部环境共同赋予，而内部形象由各种不同的功能空间组合而成，其中私人空间对酒店的内部形象起到决定的作用。

（2）酒店私人空间的分类

① 按照私人空间功能分类

私人空间有不同的界定方式。不同类型的度假酒店私人空间设计应该满足住客基本要求，如生理、安全、感情和尊重等。

私人空间的设计内容

功能分区	相关内容
休息功能	床位、洗澡间、厕所、相关用品
对外联系与工作功能	电视、电话、写字台、宽带、电脑
接待功能	接待桌椅及空间、独立接待客厅
延伸的娱乐休闲功能	泡浴冲浪间、棋牌间、综合娱乐间
延伸的安保助理功能	保安间、秘书间、工作间、会议室、暗道

② 度假酒店客房划分

客房划分类别

酒店类型	具体内容
标准客房	酒店中数量最多的客房，满足一般住客的需要，幽静、舒适，凸显酒店形象
高级客房	为客人提供一个更显身份的居住环境，设计效果一般有别于一般标准客房，应显露一定的高贵、豪华的特质
商务客房	高级客房的延续，更具有亲和力，在满足了住客的基本要求后更多考虑方便商务人士的工作需要，满足提高客人工作效率的深度要求
总统套房	设计要求较其他客房更为多样化，既要满足高层次住客的工作、娱乐、生活等多方面的功能要求，同时亦要结合度假酒店独树一帜的形象、品位，彰显豪华、超凡的气派

　　在环境设计中，经常会用到"5W1H"的定位方法，定位空间属性和确立客房的初步功能：
Why：定位住客目的；
What：定位住客行为；
Where：定位外部环境；
When：定位住客行为时间；
Who：定位住客身份、特征；
How：定位如何实现客房基本功能，满足住客需要。

（3）特色度假酒店私人空间设计

酒店是"基于私人居留空间的公共服务场所"，以住宿为基础，形成满足居住基本要求的"私人空间"。"私人空间"作为私密性客房单元，创新发展非常快，形成功能、结构、风格、空间等方面的多元变化组合。

① 酒店客房空间属性也需要细分定位

在定位基本功能之后，设计应满足住客的需求层次——从感官到生理再到心理乃至更深层的情感需求。客房必须实用，空间的装饰形式必须服从功能，并从各个方面改善和提升。私人空间的设计应该能够使客人活动时更舒适、更效率。如：会客室家具的安排应有助于社交轻松、友好地进行；卧室里的私密性和灯光控制如果得到充分的保障，也会极大地提高私人空间的使用效果。

② 人机工程学的发展和数据更新

近年来，随着室内设计层次的提升，人机工程学开始越来越多地介入进来。该学科认为人和环境是互相影响的，这一重要的相互作用可影响使用者对环境的满意度。把人的感观与身体力学结合，有助于制定人文与实用相结合的空间、设备和家具标准。室内空间和家具应该符合预期使用者的人体结构；家具的规格和形状令人舒适；物件存放方便；照明充足而不刺眼；音响效果利于听觉等。

相关学科的研究还在持续深入地发展，从人机工程学到人文因素工程学到感官工学再到情感化设计，为功能设计提供大量的有用数据。把人体测量数据、生理机能和私人空间的心理因素结合起来，持续改善使用者和环境的相互关系。

③ 符号在特色酒店私人空间设计中的运用

符号便于识别，可以采用抽象简化的形式来表现其特殊含义，如国外中餐馆中的灯笼、匾额、对联、花窗、木式家具等中国特色建筑艺术符号，虽然已经被用得很滥，但在西方环境中，作为商业建筑，其识别性和冲击力仍然非常强烈。

要点提示

符号运用是硬装的一部分，更应该烘托气氛、营造软环境。在硬装后充分考虑软环境氛围的设计是提升空间氛围的必要和有效的手段。

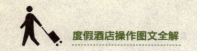

符号的选用与创造，充分体现设计师艺术功底与素养。任何视觉符号都有一定的文化内涵，必须围绕特定的主题有机结合，它既是艺术符号，也是表现符号。视觉符号没有自己的体系，只有体现在一定的情感结构中才能发挥作用。

在私人客房的设计中，要注重符号运用所带来的效果，更注重符号的统一性和连续性。在需要结合的时候，不同系统的符号之间应有过渡而并非简单叠加。

色彩与灯光有鲜明的象征、隐喻作用，它们也都是符号。色彩的冷暖、灯光的聚散都可以反映一定的主题、营造一定的气氛，这是公认的事实。私人空间设计中的特色艺术品，更具有画龙点睛的符号作用。过去招待所室内一般都挂着的一幅迎客松的国画就是典型符号作用，至于壁画、雕塑都不能孤立地脱离室内环境整体的主题，甚至书法是选用楷书或者狂草都要认真考虑。

④ **特色度假酒店私人空间软环境设计的立足点**

以人为本：调节人的心理上的压抑感，通过室内环境的装饰来调整心态，保持最佳的心境和最好的精神状态，是私人空间设计基本的立足点。

艺术性和主题性：两者结合，是品味私人空间的保障。私人空间装饰设计主题既可结合当地历史、文化特色，又可利用科技手段寻找创意设计理念，但必须要与酒店的整体气氛相融合。

注重个性：在与酒店总体风格一致的基础上，私人空间应该展现个性，通过研究住客的差异，充分利用各种不同元素的性格特色和文化的内涵，使静态、单纯、冷漠的传统客房，变成动态、丰富多彩、充满情趣的个性私人空间。

崇尚自然：随着环境意识的觉醒，保护与回归自然已成为共识。室内环境设计风格也开始从繁杂、奢华转向简约。自然、和谐、安宁与人类共存的心声通过度假酒店内部的形象表现得到了充分的体现。

布局5

度假酒店室内休闲娱乐项目的创新

随着休闲娱乐消费日趋高涨，很多酒店已经把休闲娱乐作为重要的赢利点来培养，甚至产生一些以娱乐休闲为主导的娱乐休闲酒店。内容丰富、个性突出的休闲娱乐项目已成为酒店产品的重要组成，对提升酒店核心吸引力具有重要作用。然而，酒店要想在日臻成熟的休闲娱乐方面推陈出新，保持持续发展的势头，必须不断创新。

（1）酒店室内休闲娱乐项目的主要类型

① 运动保健型

运动保健型项目是在室内休闲娱乐提出来之后被首先引入到这个行业中的，这与人们越来越关注健康有着密切关系，也因此使得运动保健型项目成了室内休闲娱乐的主要组成部分。运动保健型休闲娱乐项目的主要特点是以健身为主，其活动项目主要包括各种球类（乒乓球、保龄球、壁球、沙弧球、台球）、游泳池、健身房、桑拿、洗浴、美容美发、足道按摩、水疗SPA等。

② 游乐刺激型

游乐刺激型项目的主要特点是刺激并富有挑战性，能够满足人们释放情绪的需要，其主要娱乐方式包括酒吧、夜总会、量贩式KTV、舞厅、电子游戏室、激光靶场、激光狩猎、游戏大炮、射箭、室内水上游乐中心等。

③ 文化休闲型

文化休闲型项目主要是针对具有一定文化品味的群体而设置的，因此酒店的整体环境氛围设计要求相对安静、闲适，文化气息浓厚，其主要活动内容包括书吧、茶馆、水吧、咖啡厅、棋牌室、麻将厅、陶吧、工艺自助吧、网吧、玩具吧等。

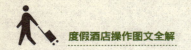

度假酒店操作图文全解

④ 观赏体验型

观赏体验型项目是以影视播映、歌舞文艺表演及其他表演等视听欣赏为主的休闲娱乐项目，主要休闲方式包括在酒店设立播放诸如环幕电影、动感电影、水幕电影等的影视厅、音乐厅、剧院等。

（2）酒店室内休闲娱乐项目的创新手法

作为当今酒店的主打项目，室内休闲娱乐活动的创新，对于培育新的赢利点、重塑整体形象、提升综合吸引力等方面，都有重要作用。那么，如何创新呢？实现酒店室内休闲娱乐功能创新是一项系统工程，即以把握市场趋势、挖掘地域文化为基础前提，以提升酒店室内休闲娱乐综合品位为核心目标，以创新组合方式、改变环境氛围、更新硬件设施为具体手段所形成的系统创新工程。

① 把握市场趋势，明确产品指向

酒店室内休闲娱乐功能的创新要以研究市场需求为前提，即通过对一定区域范围内的酒店室内休闲娱乐项目消费情况进行广泛调查与统计分析并得出结果与规律，总结市场需求的特点，明确市场最青睐的室内休闲娱乐项目，由此形成创新工程的第一步，为创新方向提供最有力的指导。

 大连音乐港湾度假酒店室内设计

大连音乐港湾度假酒店，就是在明确提出以室内传统休闲娱乐项目为主打的基础上，把游泳馆当做酒店室内休闲娱乐的龙头项目来重点培养的。之所以这样，是因为通过对大连市多家酒店的室内休闲娱乐活动消费情况进行调查分析，发现游泳馆是最受市场青睐的室内运动健身产品，也是酒店最重要的赢利点之一。在度假酒店中配套建设一座高档次的海水游泳馆，在带动客房销售、餐饮消费方面具有突出作用，能有效缓解淡季经营的不足。

084

② 挖掘地域文化，彰显文化内涵

文化是休闲娱乐的内涵，是休闲娱乐项目形成特色的根本。通过深入挖掘地域文化，把最能体现民族性、民俗性、地方性的特色文化充分应用到酒店室内休闲娱乐项目的设计中来，将诸如茶文化、酒文化、书文化、棋文化、地方特色艺术表演、民俗风情、传统国粹、仿古陶瓷艺术等纳入酒店室内休闲娱乐项目的主题中，塑造文化性休闲娱乐项目，这也是目前酒店室内休闲娱乐项目的创新手法之一。在酒店的设计方面，要求将文化融入其中，浓浓的文化气息能够使得酒店的室内文化休闲娱乐功能得以升级。

案例　清溪灵苑五星级度假酒店设计

在安徽九华山的清溪灵苑五星级度假酒店项目中，在充分利用当地禅文化的基础上，把禅文化与室内健身、品茗休闲等室内休闲娱乐活动有机结合，充分地体现禅文化的氛围，让游客在体验休闲娱乐项目的同时，还能够深刻感受地域文化，增长见识，获得新知，实现了常规休闲娱乐项目的文化创新。

③ 创新组合方式，创造新型产品

在酒店室内休闲娱乐项目，尤其是观赏体验型项目创新的具体手段方面，组合方式的创新是成本较低、较易实现的方法。组合方式的创新既包括不同休闲娱乐项目之间的内部组合，也包括休闲娱乐与酒店其他功能产品的组合，通过组合形成新的休闲娱乐体验产品。以水为脉，把水疗、桑拿、戏水与游泳池相互组合实现运动与养生的结合；把文艺表演与餐饮美食结合实现视觉、听觉、味觉的有效组合；把茶吧、咖啡厅与图书室结合起来，实现休闲放松与知识学习的美妙结合等，但这种组合要求建筑的设计或室内设计不仅新颖、奇特、舒适，而且要功能合理，功能区域分配得当。

④ 改变整体环境，营造全新氛围

环境氛围对室内休闲娱乐项目尤其是运动保健型项目的吸引力有着重要影响。环境氛围的问题一般包括2个方面。

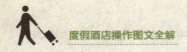

其一，环境氛围相对陈旧。对于一些使用时间较长的室内休闲娱乐项目，环境往往显得老化、陈旧，整体氛围灰暗，很多老式酒店都有这样的问题，可通过对环境氛围的更新来实现创新。如对使用年限较长，地面、墙壁、玻璃出现老化的室内游泳馆，通过地面瓷砖的更换、墙面作画与垂直的生态化景观改造、泳池周边休憩座椅的重新布置以及泳池内部瓷砖的重新设计来提升整体环境，营造全新的游泳运动氛围，实现游泳馆的整体更新。

其二，环境氛围相对单调。很多酒店在设计室内休闲娱乐的时候，并不注重整体环境打造，显得相对单调。

⑤ 强化游客参与，创新体验方式

参与性、体验性是休闲娱乐项目的核心特点。在酒店室内休闲娱乐项目的创新方面，对于一些游客参与性较弱的文化休闲型项目，可以通过强化游客的参与性，不断创新体验方式，来提高休闲娱乐项目的吸引力。如茶吧、陶吧等休闲项目，可向自助型发展，形成参与性强的自助茶吧、自助陶吧。

⑥ 更新硬件设施，引领娱乐潮流

对于一些生命周期较短的游乐刺激型及观赏体验型休闲娱乐项目来说，其硬件设施的淘汰相对比较快，这就需要不断更新设备。而设备更新不仅是旧的换成新的，更要跟随潮流，不断引进新型娱乐设施，这也是一种室内休闲娱乐项目的创新思路。如引入动感电影、四维影院来取代传统电影，实现观赏效果的创新。但是，更新硬件设施需要增加投资，这种创新必须建立在对新设备的赢利能力进行科学分析与预测的基础上。

这种情况，可结合项目自身特点，营造独特的环境氛围，让人有身临其境的感觉，如海水游泳馆，就可以充分彰显海的特点，通过人工沙滩、人工造浪池、泳池内壁的装饰、热带海洋大型壁画来营造海洋的独特环境，实现海水游泳馆整体氛围的创新。

【案例展示1】
—— CASE ——
分析、调研、预测……

情人岛度假酒店的地球性探索

▶ 项目介绍

情人岛位于大连瓦房店市仙浴湾海滨旅游度假区。岛离海滩最近只有500米,该岛面积为5.28万平方米,海拔高度为23.72米。岛内植被茂盛,野鸡、飞鸟时常在这里出没。在岛的东侧是一片金色的沙滩,每逢夏季总有无数的游客慕名来此享受大海带给他们的无限快乐。

▶ 项目特色

情人岛四周,海水清澈,浪花飞溅,奇礁怪石,形态各异,水洞旱穴,曲径通幽,峭壁险峻;该岛上面,奇花异草,树木成荫,百鸟盘旋。每当退潮后,岛四周可以成为游人的赶海场,海参、海螺及各种贝类随地可见。

1. 规划设计构思——生态、地域、有机

尽量保留基地内的自然风貌,将其融入度假酒店的建筑群体与室外环境之中,体现相互结合、相互协调、和谐共鸣的设计理念。为此,拟定以下的规划设计原则:

(1)保持原有自然形态

尊重自然,保持岛内的原有自然生态是项目规划必须遵循的原则。即在用地范围内形成控制线,将海岸、沙滩和部分临海山体保护起来,在这些区域内,除了必要的场地清理和局部修整,不进行太多的人工建造,尤其是岛内植被良好的景观区域,最大限度地保持原有地形地貌。

岛内建筑单体,依山就势形成场所的围合与呼应,这样可避免出现过于庞大的建筑体量对岛内景观的破坏,并减少建造过程中的用地改造,从而创造出"尺度适宜与海为友,与山相邻,融于自然"的景观效应。

岛内有一些生长良好且形态优美的树木,在建造过程中将被保护起来;形态良好的石头可以作为环境设计中的点缀物,卵石和贝壳则可以用作建筑饰面材料或者地面铺装材料。总之,岛内的一切资源将被充分发掘,既节省了投资,又不对环境产生太大的破坏。

(2)突出建筑与人文环境的共存

利用滨海地区旅游文化背景的优势,在突出"生态.海岛"为主题的自然景观基础上,创造符合度假村"情人"为主题的人文景观。营造分区合理、动静分离的规划布局,重视建筑内外空间环境的渗透,给人以和谐的景

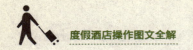

观视觉效果，使宾客在视觉的感知下，本能地介入这个娱乐、休闲、消费互动的新天地。

2. 总体规划布局——动静分区、轴线穿插、相得益彰

（1）度假村主入口设计

为了有效地利用环境和创造优美的空间，根据地形条件，整个方案的总体布局采用了一个简明清晰的骨架——以一条主路贯穿整个度假村，有效地将场地内各功能区有机地联系起来，功能分区明确，相互联系，相对独立，空间完整，形体源于环境，充分体现了滨水建筑流动连贯的柔美。

度假村主入口引入的一条10米宽的主路，将情人岛分为南北两个区域——北侧的酒店建筑区和南侧的室外游乐区。作为空间分隔与景观转换的枢纽，这条主干路将游人引至南侧风景区的同时，还将绿化景观引伸和渗透到北侧酒店度假村的内部。

为了尽可能不破坏情人岛内的自然生态环境，设计中将大部分的停车位设置在大陆一端，满足了大部分自驾游和组团旅游人群停车的需要。然后再由绿色无污染的电动车把游客送入岛内，轻松自然的旅游方式势必会给游客带来亲切、和谐的深刻印象。同时，为了避免流线的冲突，设计中也为一些后勤车辆和重要特殊旅客在岛内安排了地下停车位和部分地上停车位。

（2）南岛室外游乐区设计

依托情人岛特有的人文背景，充分发挥以"情人"为主题的景观概念。建造了诸如情人屋、情人塔、情人博物馆、情人广场、情人教堂等一系列人文景观。有机地散落在岛的南侧，依托岛上原有的山势变化，形成独具一格的网络与轴线关系。

其中，设计者选取了几个最有特色的景观节点，用空中栈桥的形式彼此联系，一方面与呈自然流线的道路和天然的山势形成对比与变化；另一方面在竖向上丰富了情人岛岛内的旅游观景视野。让旅游的人无论在天然的树林中还是在人造的栈桥上都能看到这些"情人"主题景观，所不同的是其间的过程不同、风景不同，自然心情也就不一样。

另外，设计者也考虑了从海上看情人岛时的景观——在不破坏自然山体自然走向的同时，将一些景观节点（如情人屋）依托山势部分架空于岛的外侧、将情人塔坐落于情人岛的浅滩处，脱离岛本身。这样一方面可以利用涨潮落潮时这种建筑与岛若即若离的关系，烘托"情人"为主题的概念；另一方面，当夜幕降临，从大陆或海上看小岛，这些建筑犹如灿烂的珍珠，与北岛的酒店、游泳馆彼此遥相呼应。

（3）北岛酒店建筑区设计

在东西向主干路的南北两侧分别是游泳馆和度假酒店，它们作为度假区的主体建筑呈围合状布置。游客们在踏上情人岛的第一时间就能有这种围合建筑群的院落场所所带来的宾至如归的感受。

这里是整个酒店度假区的交通枢纽，也是所有景观的集散地。因此一定要有一个较宽广的空间场所来满足不同人群不同功能的复合需求，做到交通流线清晰、功能分区合理。同时为了避免大空间场所易给人带来方向感的迷失和归属感的弱化，设计者仔细研究了两座建筑高度与广场面积的比例关系，将较矮的游泳馆沿主路南

侧呈东西向布置，度假村酒店顺应自然的山体，向岛的北端呈阶梯状流线型展开。这样一方面为游客提供了有益的视觉和行为引导，另一方面从外观上呼应了南低北高的山势，将南岛的自然景观引入北岛。

在情人岛的最北端，结合小岛天然形成的环抱状礁石设计了一座游艇码头。在这个环形的港湾内，建筑主要通过潮汐的涨落，在竖向上组织功能与交通。而本身通透的玻璃材质也让建筑成为小岛的人文景观之一。

3. 单体建筑设计——流线布局、简约仿生、精而合宜

（1）酒店造型设计

按地理位置和运行性质来区别，度假酒店大致可分为两类：一类是位于城市内的商务型酒店，以突出的形体造型达到地域标志性的效果；另一类是地处优美的自然风光中，在空间、体型、尺度、材料等各方面达到与环境和谐、统一。

情人岛度假酒店显然属于后者，酒店建筑造型源于山势与沙滩的流线，简洁的造型既不妨碍内部空间的使用，又与基地环境密切结合。酒店面向辽阔的海面向两侧伸展，前后呈阶梯形布置，既有利于观赏海景，同时又与自然山水相呼应。一、二层为公共部分，以大面积玻璃为主，建筑室内外空间相互渗透；三、四层为餐厅、休息厅以及通透式多功能大厅；五层以上为客房。

（2）游泳馆设计

游泳馆采用虚实体块相间的设计方案，实体为框架结构，安排了尺度较小的服务性空间；虚体为大跨度的钢架结构玻璃体，是建筑的主体空间游泳池。两者用材上的不同，形成了强烈的对比。实者表达了建筑的存在，虚者弱化了建筑的体型，使同是圆弧相咬合的屋面处理手法在建筑语汇中达到统一、协调。游泳池周边的大玻璃运用，体现了建筑室内外空间环境的渗透，给人和谐的景观视线效果，让人在室内享受现代文明设施的同时，又有置身室外的感觉。

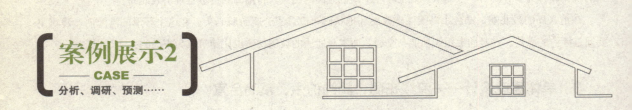

英伦假日酒店设计说明

➡ 项目介绍

英伦假日酒店位于中国大陆最南端的广东省湛江市麻章区，建筑面积为2万平方米。该项目建筑设计为旧楼改造项目，经过精心设计，把原本废弃的旧楼改造为一个集北欧风情、古典与时尚为一体的精品酒店，成为当地的标志性建筑。

➡ 建筑外观

在酒店建筑外观的具体设计实施中，加建了酒店的大堂空间及雨棚的位置。

　　酒店的建筑高度仅有8层，因此在外观的设计中加强了竖线条的设计感觉，在简洁中寻求变化，增加了建筑的整体线条节奏感，为了凸显酒店异国风情的建筑外观的风格，特意在建筑顶部加建了圆形造型，使整个建筑的外观更为协调统一，古典的北欧风情与时尚完美的结合。

　　酒店的大堂是对外传送信息最为重要的第一印象区域，在大堂的空间设计上，三层的中空是在旧楼外加建而成，完美地解决了因原建筑首层楼层低所造成的问题，在大堂的室内设计中，选用了意大利黑金花石材与皮质材料相结合，低调中彰显贵气，高雅中追求人文色彩。后期室内装饰品的点缀让人感觉更为亲近和舒心，整体氛围与设计中"以人为本"的理念相协调。

➡ 英伦假日酒店建筑外立面

　　酒店的中餐部另设接待大厅，合理地分散住客与食客的人流，接待大厅让人在感觉高贵的同时又不失亲切。通过步梯进入二层中餐大厅，原建筑中餐大厅楼层较低，因此，在设计中将二层空间打通形成一个中空的中餐大厅，使得中餐大厅更具立体感和空间层次感。大厅采用沉稳的深色色调，使之氛围在低调中更彰显豪华。

　　客房是客人在酒店内停留时间最长的空间，营造良好的客房气氛让酒店的整体配套更加完美，因此在有限的造价约束的前提下，整体设计追求简洁而时尚，明快的背景色彩与柔和灯光效果的协调则让客人备感舒心。长长的客房通道，在地毯的陪衬下，在静谧中流淌着华丽与舒适，加上悠扬的背景音乐，营造出"家"的感觉。

● 酒店客房布置

● 大堂中空的水晶吊灯豪华精致，就像一串流动的珍珠，更凸显了酒店的大气与灵动，是古典的北欧风情与时尚完美的结合

第三章
03

营销重点：
结合度假酒店的特点，细分市场，开发出满足休闲游客人的产品，争取更多的会议客人，提升酒店会议功能

创新趋势：
度假酒店的餐饮与休闲娱乐结合多种方式结合，已成为时尚消费的创新方向

度假酒店的营销推广新思路

近年来，随着中国经济持续平稳的发展，国内旅游需求得以快速增长，而部分旅游需求已从观光型向度假型转变，度假酒店应运而生，成为酒店业一颗耀眼的新星。度假酒店多数位于旅游目的地城市或风景区内，位置的特殊性及季节的差异性，使得旅游目的地度假酒店市场营销方式有别于普通商务酒店。

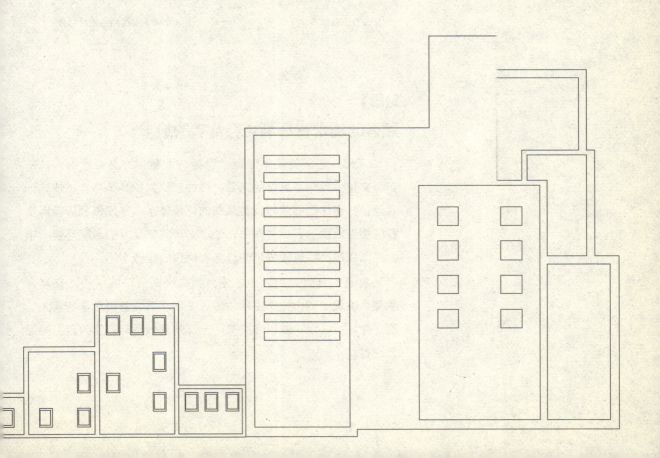

把握度假酒店的5大市场营销特点

壹

思想决定存在，意识决定眼界，做度假酒店的市场营销同样如此。度假酒店对自然环境的依附性强，季节性强，对环境设计要求高，对娱乐设施的配套要求较完善，讲究人与自然的充分融合。深入分析度假酒店的经营特点有助于市场营销的顺利开展。

特点1	特点2	特点3
顾客需求的重要性	满足市场需求多样化	关注交通
特点4	特点5	
分清酒店权益	服务配套设施与酒店主题结合	

特点1

顾客的需求就是酒店经营者的追求

现代人在审美观中还有"以新奇为美"的潜在意识，凡是自身文化体系中不具备的东西，往往被认为独具美感，抓住这一心理，打造渗透着浓郁特色风情的环境体系，是度假酒店赖以生存的重点。要达到这些条件，酒店必须具备良好的自然环境、丰富的酒店产品、过硬的硬件设施和优良的服务水平。

真正的度假酒店，应该成为顾客度假活动的中心，在客人的整个度假活动中处于主导地位。度假酒店经营者应该将客人的吃、住、行、玩、游以及交流等全部的度假活动都作为自己的服务内容。

特点 **2**

市场需求多样，度假产品开发很必要

随着市场竞争的日趋激烈，客人的需求又在不断地变化，在这样的一个市场环境下要生存，就必须以客人为中心，充分了解客人的需求，结合度假酒店的特点，细分市场，开发出满足休闲客人的产品，由卖房转而卖产品。

三亚万嘉戴斯度假酒店浪漫温馨的蜜月客房

商务酒店的客人选择酒店是因为商务旅行的需要，而度假酒店的客人选择酒店可能是由于旅游、休养、度假、运动等目的，客人在酒店停留的时间较长，对酒店娱乐的设施需求较高。因此，在市场营销中，要策划出不同客源地、不同客户群、不同季节的店内外活动项目，与酒店的客房、餐饮进行组合，推出系列酒店产品，如新婚蜜月、高尔夫、中医养生、儿童夏令营等。这些产品在销售中是一个非常好的卖点，不但对选择某一产品的顾客能提供更专业化、个性化的服务，而且对于酒店来说，既带动了客房和餐饮的销售，又增加了酒店的其他综合消费收入，某些淡季产品还能缓解度假酒店因季节性强而造成的淡旺季差异经营的压力。

特点 **3**

关注交通，把握可进入性

市场信息的收集是市场营销环节中很重要的一个工作内容，对于度假酒店，尤其是对于一个旅游目的地度假酒店而言，民航、铁路、公路、船运等的路线、班次、客运量等交通信息资料，是很重要的市场研究内容。交通是旅游目的地度假酒店的生命线。在对某一个客源地进行开发时，首先得了解客源是否有通畅的交通渠道、运输容量约多少、交通渠道的经营者是谁、价格如何等情况。如果某一客源地有市场供应量，但没有合适的交通渠道，或交通成本很高，客源就无法输送到旅游目的地，那么对于此客源地的开发是无效的。交通渠道的经营也依赖于旅游目的

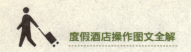

地各旅游企业的支持，一条航线的开发、培育、发展得益于旅游目的地在客源地市场的市场推广。交通与旅游目的地度假酒店存在唇齿相依的关系，双方必须建立非常紧密的合作关系。

特点 4

分清酒店权益，平衡直销与分销的关系

　　酒店市场营销渠道分直销和分销两种，直销即酒店直接面对客户的销售；分销即通过中间商，利用中间商的销售网络面向客户的销售。度假酒店客人在其度假经历中，对于交通、旅游观光、购物等酒店外服务的需求较多。因此，在计划度假行程时，往往会通过旅行社（中间商）来预订各项旅行需求。度假酒店、旅行社、顾客三者之间的关系在度假酒店市场营销中有其特殊性，不容忽视。顾客（特别是散客）需求的多样化，也给度假酒店和旅行社在向顾客提供优质服务及分清权益等方面带来了难度，度假酒店在制定价格体系、建立营销分销渠道等方面应充分考虑旅行社的能力和利益，明确营销渠道中各自的角色以及承担的职责和权益，平衡好直销与分销的关系，维护好市场秩序。

特点 5

服务配套设施与酒店的主题和所在环境相结合

　　度假酒店的服务配套设施应该与酒店的主题和所在环境相结合。以海南海滨式度假酒店为例，酒店的大堂设计成开放式大堂，不安装空调，一律敞开式设计，海风自然吹来，穿堂而过，令人好不惬意；大堂内沙发、茶几及客房内家具皆以藤编制品为主，符合海岛特点，富有南国情调；度假酒店从业服务人员着装一改商务酒店笔挺之制服，代之以花花绿绿的休闲服饰，与身着各类休闲服饰的顾客融为一体。由于游客多数时间会呆在酒店房间内，所以酒店客房配套娱乐设施也应该多样化。例如，在观景阳台上设置迷你高尔夫球，可以插MP3播放器的音响设施，或是提供像PSP、WII等电子游戏设备。

双管齐下实现度假酒店的 功能性升级

会议功能和餐饮功能是度假酒店经营的重要模块，会议功能设计要注重特色会场的打造，而餐饮设计则更注重地域特色和情感化。

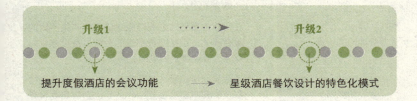

升级1 ·······➤ 升级2

提升度假酒店的会议功能 ⟶ 星级酒店餐饮设计的特色化模式

升级1

提升度假酒店的会议功能

按会议客人的需求特点分类，可以分为两类：一类是会议活动都是在酒店内举行，参会、住宿、吃饭、娱乐基本在店

三亚银泰度假酒店海滩宴会

张家界武陵国际度假酒店会议厅

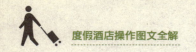

内；另一类是只在酒店内住宿，会议展览在其他地方，基本像商务散客。度假酒店应在改善自身硬件设施和完善营销方式的基础上，争取更多的会议客人，提升酒店会议功能。

（1）提升度假酒店会议功能的对策

提升度假酒店会议功能的对策

功能升级方向	对策	具体举措
销售方式	综合性销售	度假酒店提升会议功能，销售形式应不同于传统的酒店，它是与会议相关的综合性销售，不但有客房、餐饮，还要有会展设施、会议设备
服务对象	会议组织者和参会个体	除了服务中面对每一位参会个体之外，还要面对会议的组织者，和组织者的沟通是非常重要的环节
服务部门的设置	增加会议服务	在实际中要针对专业性较强的会议实施不同的服务模式，包括配置相应的会议设备设施，以保证为会议提供圆满的服务
会议功能间	专业、充足	多功能间要尽量准备得充足一些，一些客人特别是外宾不喜欢在宴会厅开会，酒店应具有专业的功能间，以满足客人的特别需求
宴会的配置	具有独特性	餐饮的独特性是会议酒店应该具备的特点，和其他酒店要有所区别

（2）特色度假酒店营造特色会场

度假酒店的功能决定它与城市酒店的本质不同——外在环境超越建筑本身成为主角，这就要求设计者在考虑会议的功能需求的同时，还要充分考虑周边环境，使会议室成为载体，环境成为主要消费对象。

这就必须要求设计师尊重并欣赏环境，将会议室本身的定位与空间功能组织作恰当地处理和把握，使传统的会议室与周边环境融为一体，创造独特且能够长时间驻留的会议环境。

根据度假酒店的不同类型，可创造出不同风格的会议场所。

① 海滨度假酒店的4种特色会场

会场1：海滩会议

将传统的会议室转换成阳光和煦、海风习习的沙滩，可举办

新颖别致的水上会议

新闻发布会、时尚表演与传播活动、企业年会等中小型会议。

会场2：油轮会议

将会议室设置在油轮之上，可举办新闻发布会、时尚表演与传播活动、研讨会、评审会、论证会等各种会议，将会议与海上观景融为一体。

人鱼共处的水下会场　　　　令与会者兴奋不已的水下会场　　　　非同寻常的水下签约仪式

会场3：水上会议

将会议桌搬到蔚蓝的大海中，可举办各种小型会议。

会场4：水下会议

建造水下会议厅，可举办新闻发布会、时尚表演与传播活动、研讨会、评审会、论证会等各种会议，在梦幻般的会议空间内，将达到更好的会议效果。

② **森林度假酒店的3种会场**

会场1：空中会议

在景观视点处，将会议室设在空中，参会者坐在悬空的椅子上参加会议。参会者在"空中会议室"开会时，享受悬空飘荡的刺激感觉，观赏优美的景致，体会脚下凉风吹拂，甚至有时还有小鸟从身边飞过，适用于小型会议。

刺激的悬空会场

会场2：可移动的会议室

利用可移动房屋的理念，展现出一个高性能、舒适以及移动性强的理想结合体。会议组织者可根据参会人员的要求将会议室放置在任何地方。会议室由混凝土和聚氨酯构成，其自身的大块混凝土结构能前后滑动，这不仅营造出独特的空间体验，还能调控室内光线。除此之外，内部的家具都有轻量的混凝土基座，供客人坐于其上的表层部分，并可自由移动，使用

可移动的会议室

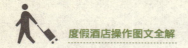

多种多样的树上会议室

北京北方温泉度假酒店

园林化会议室

者能根据自身需要和室内装潢进行调整。

会场3：树上会议

树屋，顾名思义，就是那些建在树上或是挂在树上的房屋。"树房间"具有经典的简单结构，融合时尚元素，将会议室设在树屋，使其成为独特的体验和奢华的享受，适用于小型会议。

③ 温泉度假酒店的温泉会议

在温泉池中设置水上会议桌，使参会人员能够在享受温泉、放松身心的环境下完成会议，适用于小型会议。

④ 田园度假酒店的生态温室会议

园林化会议室，参会人员俯身可见游鱼，倚栏可触花草，置身其间让人感受真正的自然与生态的会议环境，适用于中小型会议。

升级 2

星级酒店餐饮设计的特色化模式

（1）功能化餐饮的3大类别和5种模式

酒店内部的餐饮项目，对于酒店的特色化和吸引力具有非常重要的作用。餐饮不仅是为客人提供的配套功能，而且越来越成为公共空间中极为核心的社会功能板块。其中，大堂吧的社交场所功能、宴会厅的庆典活动功能、咖啡厅及茶馆的休闲功能、露天烧烤餐饮区的休闲娱乐功能等，已经成为酒店吸引力的重要部分。

设计酒店时，餐饮设计是最有活力的部分，需要充分研究市场及酒店类型。其中餐饮与休闲娱乐结合的方式越来越多，已经成为时尚消费的创新方向。

可以把星级酒店的餐饮项目设计，区分为"三类、十种、五模式"。

① 3类功能化餐饮

3类功能化餐饮

功能化区分	细化种类
餐厅	正餐餐厅、宴会厅、露天休闲特色餐厅
饮类	大堂吧、咖啡厅、茶馆、酒吧
餐饮娱乐结合类	茶餐厅、夜总会歌厅、歌舞宴

② 餐饮模式5大类别

5大餐饮模式

餐饮模式	具体内容
特色口味与主题餐厅模式	以口味风格差异化为基础的正餐或夜宵餐厅，这类餐厅一般为高档特色餐厅，成为高端商务政务接待的场所
高级社交饮厅模式	大堂吧、咖啡厅、茶馆等具有较高品位的接待场所，以房客的商务接待为基础，目前，高星级酒店咖啡厅已经成为社交聚会与商务约会的重要场所，甚至成为一种新型的区域地标

101

续　表

餐饮模式	具体内容
高级休闲餐饮模式	露天餐厅、烧烤区、生态餐厅等是典型的休闲餐厅，对于度假酒店和城市休闲酒店特别重要
演艺秀场餐饮模式	餐厅又是兼具演艺功能和秀场概念的场所，是都市高星级酒店最为赢利和独具品牌效果的部分，比如特色宴会厅、歌舞宴、婚庆餐厅、夜总会等，是具备新闻发布会活动、宴会活动、庆典活动的最佳场所
餐饮娱乐场模式	餐饮与娱乐结合，包括量贩KTV、洗浴自助餐等，是以自助餐为配套的休闲娱乐模式，具有巨大成长空间，特别适于城市休闲酒店

要点提示

无论是从模式组合的角度，还是从某种模式的具体表现上，都应该充分考虑特色化。这种特色化是有市场导向的。国内酒店餐饮市场的竞争日趋白热化，游客越来越追求舒适的休闲享受，追求游览休憩过程中的新意。

（2）酒店餐饮市场与赢利模式的特色化

目前酒店餐饮的消费人群大多是团体消费，以商务会议、酒会为主，兼顾个人婚宴、寿宴和聚会以及少量高收入个人消费。但是，一方面随着国家大力推动反腐倡廉和国有企业改革，公款集团性消费比例相对下降；另一方面随着经济的发展、居民可支配收入的增加以及国内旅游市场的持续升温，酒店餐饮的个人消费时代已经来临。

其中，酒店餐饮的基础市场，是客人的自我需求与请客需要；会展商务型酒店，餐饮以接待为主，需要特色口味与风格、时尚与创新都特别有吸引力；城市休闲酒店以休闲餐饮及娱乐餐饮为重点、吸引本地城市人群的商务接待与政务接待；风景区度假酒店，则以综合娱乐游乐餐饮为特色，往往成为重要吸引力。

（3）打造酒店餐饮特色化的立足点

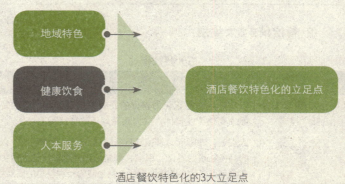

酒店餐饮特色化的3大立足点

① 地域特色

"民族的就是世界的"，酒店餐饮一定要立足于地域特色，无论是菜肴品式还是装修风格，包括工作人员的选择都应该满足地域文化的特色。比如川菜馆用红颜色和辣味相配，而一口川音的川妹子，更能让客人，尤其是四川客人有宾至如归的感觉。在如今的酒店餐饮竞争中，品牌与文化内涵的重要程度甚至比技术还要高，在经营中应坚持文化至上，力求创造一份感觉——"酒店气息，酒店风格"。酒店餐饮要挖掘酒店文化、研究饮食文化，追求深层次的文化韵味。

② 健康饮食

健康的观念已深入人心，而饮食消费习惯也随之发生巨大的变化，人们已经超越传统的"色、香、味俱全"，提出了文化、养生健康等更多的要求，这也为酒店提供了更多的机会。创新和特色是酒店餐饮的生命线，而多层次的要求提供了更多的创新机会，在主题风味特色的基础上，实现菜品创新、原料创新、色彩创新、口味创新、器皿创新、菜单创新，并应通过烹饪理论的研究、饮食文化的交流，吸取中外烹饪的精华技艺，不断加大品牌的技术优势。

③ 人本服务

当今社会，无论销售何种产品，都可以归结成销售服务，这既是与世界接轨，也是消费者的心声。酒店餐饮业正在从规范化跨入人本化的阶段，即注重个性、人情、多样、细腻，也注重实用性，在细微之处体现人本理念。酒店餐饮部门应尽量深入了解每位顾客的需求和爱好，站在"家人"的角度，灵活提供个性化的服务。例如，对不利于特定人群健康的某些菜品，服务人员应在点菜时主动提醒。

（4）立足特色化，寻求酒店餐饮的增长策略

① 专一化和主题化

打造酒店餐饮的特色化，"专一化"是最先要强调的。一

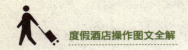

般餐饮企业或多或少都有一些经营特色，但真正被有意识强化成主题，进而成为竞争制胜卖点的却很少；而在区域内形成具有垄断意义的主题餐饮企业，更是凤毛麟角。要达到这种专一化和主题化，不仅要求外在的表现，更要求经营者本着尽心竭力为目标客户服务的原则，并将其融入到企业文化、管理思想和经营理念之中。

② 情感化

氛围是服务中消费者和企业之间交流的媒介，营造已经轻松、快乐、富有情趣的氛围是酒店餐饮特色化经营的核心之一。这种氛围的营造首先要求经营者和从业人员在专业服务和礼仪的基础上，增加情感的元素，从服务态度的审美上赢得顾客的心。其次，要求餐厅的布置、菜品的制作等体现人性化，并增加特定的情感，力求使客户就餐时有一种归属感，让顾客在享受美食的同时，更获得一种情感的依赖。酒店餐饮部不妨尝试引进管理系统，将顾客资料备案，并提供个性化服务，美食和温馨叠加，会得到顾客的极大赞赏，并带来长远的收益。

③ 生态化

生态餐饮是以生态环境为依托而开发的一种全新的餐饮经营模式。在这种模式下，餐饮业是核心，种植、养殖、农业加工、农业观光、生态休闲都可以融入其中，整合为一种循环经济的架构。观光、采摘等活动为餐饮之余增加了乐趣，同时也提供了新鲜的餐饮产品和**田园化的就餐环境**。

④ 休闲化

休闲餐饮是随着现代人对于个性的追求而产生的，它抛弃正统餐饮中烦琐的交际，又不似大众餐饮般媚俗，而是营造了一种个性化的休闲空间。也许少了些许庄重，但休闲餐饮注重营造和渲染，装饰自然随意，注重细节，反而能给人一个亲切、轻松的个人空间，是现代人排遣压力、享受情感的最佳选择。从环境、服务、活动策划方面去加快酒店餐饮业迈入休闲时尚的步伐，是旅游产业系统升级的要求，是酒店餐饮业的必然之路。

创新是度假酒店策划营销的重要特点

度假酒店的产品形式是主题文化的表现载体，多样化的产品表现形式必然有助于旅游者深刻认识度假酒店的文化内涵。

特点1	特点2	特点3
策划各种创新活动	拓展度假酒店的客源	"野奢酒店"的发展趋势

度假酒店在创新产品表现形式方面可以从产品特色差异化、表现手段科技化、活动项目互动性3个方面入手：

度假酒店创新产品的表现形式

创新角度	具体细节
产品特色差异化	差异化是指酒店凭借资源优势、管理优势、服务优势、技术优势而生产出在某一或某几个产品特性方面优于竞争对手的酒店产品。差异化的主题产品是度假饭店吸引旅游者的核心
表现手段科技化	度假酒店产品在表现手段上注重综合运用声、光、电等多种形式的高科技设施和技术来包装酒店产品，以达到在形式上给顾客"耳目一新"的体验
活动项目互动性	主题活动项目是酒店产品的重要组成部分。提高活动项目吸引力的重要方法就是增强活动项目的互动参与性。度假酒店应结合自身区位、资源优势开发游客参与性主题娱乐项目，既给顾客以全新的亲身体验经历，又为其提供了交流的平台，满足了顾客的交际需求

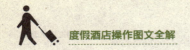

特点1

策划各种农业、民族、民俗活动及高科技化创新活动

（1）以独特农业生产、生活体验为核心

以独特农业生产、生活体验为核心的娱乐与游乐模式，是以农业休闲为基础发展起来的，如酒庄、渔庄、水果庄园、花卉庄园、森林庄园。庄园化趋势运用到农业休闲创新上，是将农业休闲作为酒店的娱乐产品来打造，其中除了一般采摘，还应该有一系列生产过程体验。

花卉庄园

水果庄园采摘葡萄

（2）举行民俗性体育活动

蒙古射箭、朝鲜秋千、壮族抢花炮、蒙古赛马、藏族赛牦牛、藏族大象拔河等，在以民族风情为主诉求的度假酒店常常可见其踪影。民俗性体育活动主要指源于地方风俗的传统体育，如抖空竹、跳房子、扔沙包、抽打陀螺、滚铁环、拔河等，这类伴随着一代人成长起来的民俗体育活动，往往能勾起游客的儿时回忆，吸引游客参与到游乐中来。

蒙古族赛马

朝鲜族荡秋千

（3）真切、刺激的游戏体验

以往只存于游戏中的CS枪战、使命召唤，现在也出现在真实生活中。这种通过相应技术将大型的游戏场景投影到户外，让游客在真切的户外场景中，上演着警匪交锋、特种兵任务等游戏体验的郊野游乐正在逐渐被人们熟知。

CS 野战游戏

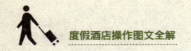

特点 **2**

以会员制度和促销活动来拓展度假酒店的客源

度假酒店与商务酒店不同，多建在滨海、山川、湖泊等自然风景区附近，远离市区，而且季节性强，对环境设计要求高，对娱乐设施的配套要求较完善，讲究人与自然的充分融合。这些有别于商务酒店的特征，使得度假酒店在营销模式上也大相径庭，经营难度也大大增强。那么，如何通过营销手段来拓展客源呢？

营销手段拓展客源的7种方法

（1）打造城市后花园

由于度假酒店远离城市，前来度假的客人大多是来自周边城市的散客，他们往往利用周末的时间来度假休息，这部分客人是酒店较为稳定的客源，度假酒店可以利用其独特的自然和人文环境以及优质的服务吸引客人，成为他们的后花园。

（2）利用会员权益销售，拓展长线客源

会员营销是度假酒店最稳定的客源。度假酒店可以通过假日共享权益的会员销售，实现拥有长期稳定的客户资源的目标。并可以通过假日交换体系来调动会员的度假积极性，提高度假权

益使用率，实现客源流动，以增加新的客源。

（3）利用差异性宣传和活动，提升酒店知名度

在市场营销的过程中，最重要的无疑是形象宣传。与商务酒店不同，旅游目的地度假酒店远离客源地市场，客源只有通过某种宣传媒体才能获知酒店。度假酒店从自然环境、建筑风格与装潢设计、酒店服务功能到员工的服务技能，无不具有个性化的特点，同时极具地域文化特色或主题特色。因此差异性宣传方式能起到很好的促销效果。

（4）承办一些国内外知名的大型活动

承办一些国内外知名的大型活动，或策划一些别出心裁的健康的公益活动，也是酒店获得知名度的一个捷径，做好品牌联盟。作为一个新进入市场的度假酒店，尤其要投入相当的宣传力度，树立好酒店的形象，获取顾客、公众及同行的认可。随着知名度的不断扩大，酒店的营销工作会事半功倍。

（5）采用"体验式营销模式"促进销售

体验经济是现代营销中的一种有效的模式，度假酒店利用自身的特点，通过采用一些优惠措施吸引一些有购买力的客人来酒店度假，通过客人的实地感受和亲身体验来带动度假酒店的会员权益销售。国外有许多度假酒店通过这种方式带动会员权益的销售。从而使度假酒店拥有长期稳定的客源。

（6）建立度假酒店营销窗口

由于度假酒店远离城市，绝大部分客源来自城市，因此必须通过自建销售公司或委托代理的方式来拓展客源。自建销售公司成本较高，渠道复杂，但安全可靠；委托销售专业公司销售，成本低，收效大，也不失一种拓展客源的好方式。

要点提示

度假酒店的客人更多地重视放松、健康等需求，因此酒店可以在传统的服务项目基础上，顺应客人的潜在消费需求，为客人提供医疗咨询和保健等服务，提高服务产品的附加值。酒店通过开展多种服务形式，为游客提供超值的服务，在客人中树立良好的口碑。

（7）以人性化服务吸引客源

酒店为客人提供的产品包括有形的设施,也包括无形的服务。在人们消费观念日益成熟的今天,酒店客人对于服务的要求甚至超过了硬件设施,而往往服务上的优势还能有效地弥补硬件设施的不足。优质服务,成为了酒店吸引客人、留住客人的最佳武器,如何设计出能满足客人需求的服务项目以及让客人感觉最舒服、最放松的服务方式,也成为了酒店经营者们普遍关注的问题。

经营任何类型的酒店，必须立足于市场和顾客，顾客的需求就是酒店经营者的追求。比如，高尔夫运动客人需要的是球场的位置、环境和所提供的服务；家庭旅游度假的客人需要有丰富的儿童游乐的场所；疗养保健度假的客人需要有一流的诊所和休养设施等。度假酒店应本着以人为本，人性化的理念提供服务。

休假制度的改革对度假酒店的客源产生了一定的冲击，为稳定客源，度假酒店在服务质量和项目创新上应作出相应的调整和完善。服务是营销的基础，客源的竞争从基础上说就是服务的竞争。因此，度假酒店应不断拓展服务内容，为客人提供全方位的超值服务。

特点3

“野奢酒店”成为国际新兴高端休闲旅游方式

在这个科技与规则弥漫的时代，人们渴望一种个性化的突破，尤其是在休闲消费中，这就要求酒店接待的一种转型。野奢酒店（rustic luxury hotel），因野而奢，能够满足时尚人群身体享受与心灵回归的双重追求，从而引领休闲接待的新时尚。

（1）野奢酒店概念解析

野奢酒店是以山野、乡野、郊野、田园等区域为背景，乡土、原生态建筑为外观，内部豪华奢侈的接待酒店，是近年国际新兴的高端休闲旅游接待方式。这种在最原始、最荒野的地方修建的，与环境融为一体的豪华"帐篷"或"小屋"，能够满足高端消费者对于自然和奢侈的双重欲求。野奢酒店是新一波追求舒适和奢侈的浪潮的开始，它将建筑和自然结合在一起，将荒野的魅力同奢华的享受结合在一起，如此反差的消费方式能够满足当代人追求时尚、刺激、个性、私密空间的需求。

"野奢"含义解读	
野	奢
野奢酒店之"野"性体现主要有两方面：一是地域选址一般在荒野、山野、乡野之地；二是表现手法的"狂野"，即在酒店的设计上要尽量的粗狂、狂野，表现得越野越有味，越能吸引消费者	野奢酒店打破了山野荒野之地物质匮乏的观念，即使是荒无人烟，也要享受豪华的物质享受。如：空旷的草原或者沙漠野奢酒店，不仅要提供可口的美味、不间断的热水卫浴，还要有洞藏百年红酒的豪华酒吧、环境优雅的温泉、热闹的鸡尾酒会以及幽静的办公环境和应有尽有的办公设施

（2）野奢时尚酒店开发需把握的几个原则

野奢时尚酒店开发的3个原则

① 野奢特色，引领时尚

野与奢是野奢酒店的灵魂，在酒店策划过程中一定要把握核心，让野奢酒店足够的野，足够的奢，使这种对比反差发挥到极致，引领时尚，走向潮流。这就要求野奢酒店的策划与设计要做到精益求精，从选址、主题定位、设计、规划、经营模式的选择上都要围绕"野奢"来展开，凸显特色。

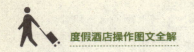
② 以市场为导向

野奢酒店不仅仅是为了满足某种消费需要，而是以此达到赢利目的，这就需要对目标市场准确地分析和定位。野奢酒店的目标市场主要为都市高端消费阶层，诸如国际政要、影视明星、企业高管、富豪等，其特点为：消费能力强，追求高品质生活，私密性要求高，野奢酒店应把握其需要，以市场化的原则来经营。

③ 推陈出新，持续发展

野奢酒店是一种大胆创新的酒店形式，它引领时尚，带动酒店业的发展潮流，但这绝不代表野奢酒店可以故步自封，而是应该不停地推出新颖的开发思路，开发以后也要不断地在主题与包装上创新，更要在经营模式上继续突破。

（3）野奢时尚酒店开发的思路探讨

如何才能够使野奢时尚酒店一鸣惊人，达到利益最大且长久稳定发展呢？独到创意的开发思路是关键。从选址、主题定位、设计到经营管理，野奢酒店都不能套用传统模式，应根据具体实际而创意突破。

① 荒野变卖点，城郊开出野奢酒店

在城郊总有一些被遗忘的地方，或是某片滩涂以及周边不乏情趣的河流和静逸的湖泊，或是有着茂密树丛的小山，或是农家果园。若将这些资源充分地利用起来，打造优美而私密的环境，建设滨水酒店、森林豪华帐篷酒店、果庄野奢酒店，那么既可以合理利用资源，尤其是土地资源，优化环境，又可提供都市野外郊游的度假场地，还能够带动片区发展。

② 新农村建设视野下的乡村野奢酒店

新农村建设是目前社会关注的焦点，而乡村旅游则是其中的重要内容。乡村与野奢酒店的结合具有很强的现实意义。

乡村天然就具有纯朴与自然的属性，在旅游资源较好、周边居民消费能力较强的乡村，可依托田园、树林、山地、草原、

"野奢"只是一种新概念，并不是简单地追求纯粹"狂野"和"奢侈"的结合

沙地、湖区等环境，开发风格与地域、民俗、历史文化协调的乡村野奢酒店，并配套建设高档休闲游乐设施。野奢酒店与乡村原有旅游环境应保持适当距离，形成互动结构，并承接私密性、时尚性较强的高端旅游接待，进而形成高端消费氛围，带动旅游地产的开发。

③ 打造休闲度假区中的亮点

休闲度假村是以康乐休闲为主的物业形式，主要依托秀美的环境及一体化的娱乐服务来博得消费者的青睐。近年来休闲度假区竞争激烈，要想脱颖而出，就需要不断注入新鲜血液，挖掘特色产品。

野奢酒店作为新兴的酒店类型，"野"与"奢"的鲜明特征使其与众不同，能够满足当代一些追求时尚潮流、追求个性消费、追求私密空间的消费群体的需求。在休闲度假区开发一处风格独特的野奢酒店，既可成为一处新景点，又能提供高端私密的时尚接待，提高品位的同时获得利益，名利双收。但需要注意的是，这种野奢酒店，主题和风格的策划一定要独特，越独特越具有吸引力。

④ 极致野奢酒店

以上思路是依托城市、乡村、景区等资源，结合实际而演化的野奢酒店概念，而真正意义上的野奢酒店，"野"性发挥更加深刻。

在未开发的海边修建的海滨野奢酒店，法国的 Le Maquis 酒店是其典型代表；沙漠地带或者黄土高原建造的城堡，古老的土坯墙下藏着奢华设施；一望无际的草原上修建的豪华大帐；树林中修建的奢华农庄，美国加利福尼亚的San Ysidro农庄就是其代表。成功野奢酒店的开发，需要优越的地理条件、新颖的主题、个性奇特的外形设计、一流的经营销售策划，具备这些，消费者与商家的双赢便会水到渠成。

美国加利福尼亚的 San Ysidro 农庄

肆 度假酒店要通过主题化经营寻求长久发展

　　开发经营者应打破传统酒店豪华、庄重的风格，突出休闲、放松、自由的特点，打破传统酒店楼层高、以设施及服务来吸引客人的模式，而突出度假村周围的环境、低层建筑、开拓的视野，以简洁、自然、有中国地域特色和文化内涵的建筑来吸引客人，并通过度假酒店内的文化活动来留住客人。

要点1	要点2	要点3	要点4
酒店主题化要强调风格	打造度假酒店主题风格应遵循的原则	"六感"打造酒店主题风格	度假酒店主题风格营造步骤

要点1

酒店主题化要强调风格

　　酒店是"基于私人居留空间的公共服务场所"，虽然也具备居住、休憩等基本功能，但相对于强调私密性的一般住宅而言，更体现出一种公共性，是一种流动性的消费场所，具有重复性的业务特点。设计、经营良好的酒店，能令客人产生一种再次登临的欲望。

　　和普通酒店不同，度假酒店以接待度假休闲游客为主，为客人提供多种服务，多建在海滨、山川、湖泊等自然风景区附近，远离市区，交通便利，而且其经营季节性强，对娱乐设施要求较完善，讲究人与自然的融合，注重给予居住者一种度假的心情与情调，达到与现实生活的短暂隔离、和自然风光亲密接触，实现自然、人文与时尚生活的完美结合，呈现度假酒店独特的风格与个性。

在时代潮流不断演进、建筑规划理念不断深入的市场情形下，度假酒店在规划设计、管理经营中不仅要考虑人文地理、民俗风情、生态环保等多方面因素，开发出浓郁而独到的主题化风格，更要体现"人本理念"，挖掘文化内涵和意境，用个性化的优质服务来实现人类感情的某种希冀与渴望，真正体现"度假酒店"的价值。

香树湾花园酒店以亚热带异域风情和本土文化有机结合作为设计方案的主题

要点 2

打造度假酒店主题风格应遵循的原则

（1）立足目标客户

作为服务行业的一员，度假酒店的第一要务是满足客户需求，但在个性化突出的现代社会里，要想取悦所有消费者是不

可能的，根据自身特点和地域文化优势准确定位目标客户尤为重要，整个主题化风格也应围绕目标客户的需求来营造。现代人在审美观中有"以新奇为美"的潜在意识，凡是自身文化体系中不具备的东西，往往被认为独具美感，因此，抓住这一心理，打造渗透着浓郁特色风情的环境体系，是度假酒店赖以生存的重点。

（2）依托民俗风水

在当前度假酒店的建筑、规划和设计中，盲目追求流行、漠视自身文脉、孤立注重理性形式的现象比比皆是，殊不知被忽视的才是真正属于自己、真正应该抓住的东西，那就是民俗和风水文化。民俗是一个地区千百年历史文化的沉淀，而风水则是植根于东方人心中的一种直觉体验。它们赋予度假酒店一种无法替代、固定属于某个地方的灵性。挖掘民俗和风水，将其巧妙地融入到酒店的特色风格建设中去，并通过休闲模式、室内外环境、游憩环节的创新设计，可形成和地域文化融为一体的特色主题化氛围。

（3）构造生态空间

回归自然是现代都市人的梦想，而休闲度假酒店正是实现这一梦想的载体，可以说，从诞生时起，度假酒店就打上了生态的烙印，随着人们生态、健康意识的增强，这种烙印越来越清晰。从室外的环境到室内的布局，甚至材料设备的选择，都要遵循生态的原则，构造整体的和谐生态空间，给游客一种回归的感觉和"天人合一"的感悟。在构造生态空间时，应最大限度地利用和发挥周边自然环境的资源优势，实现"天造一半，人造一半"。

（4）深挖文化内涵

中国文化源远流长，其中有太多的元素可以应用到度假酒店风格中，而度假酒店也不应只是美食与舒适卧房的简单组合，更应该体现历史和文化的传承。如诗意和禅意；如世外桃源，在度假中洗净都市的浮华，浸入古老而幽静的情思，回归内心的宁静与柔和。在诗意中栖居，是每个度假者都难以放弃的情怀。从文化内涵和历史着手，将文化和诗意融入到度假酒店的设计和经营中去，使整个度假酒店的氛围与淡然的文化韵味和深远的诗意境界融为一体，将时尚的动感与诗意的优雅完美结合、真实体现，这无疑是打造风格度假酒店过程中最高深的一门功课，也是打造特色风情的杀手锏。

南京茉莉花园度假村是中国独一无二的茉莉花文化主题度假酒店

要点 3

"六感"打造酒店主题风格

人们通过视、听、嗅、尝、触来感觉事物，产生认识。在休闲旅游过程中，游客也是通过这些感觉来感知，并产生喜怒哀乐等心理体验。研究这些感觉和情绪，有助于改进度假酒店的开发、设计和经营，而这也是打造度假酒店主题风格的立足点。

（1）视觉

不同的颜色和场景会导致不同的情绪，而度假酒店应根据实际需要，为客人提供一场豪华的视觉盛宴或是一桌精致的小菜。在度假酒店的建造中，要选择依山傍水的优美风景；在建筑和景观的设计中和谐地搭配颜色和景致；在客房的布置中创造舒适温馨的光影；并按照主题风格设置主题化的场景、布局和小品营造，视觉上的主题环境和美感，不只悦目，更是赏心，给顾客一种心灵的慰藉与归属。

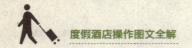

南京茉莉花园度假酒店

（2）听觉

雨打芭蕉、静夜虫鸣、叮咚泉水、深山燕啼，这些声音如天籁般，可驱除烦恼，让人心醉。游客每每前往山野田园度假，在领略风景之余，更喜欢聆听自然的声音。所谓"鸟鸣山更幽"，营造动静协调的环境，是度假酒店打造的重点之一。这里说的听觉，不只是自然的声音，还包括符合主题风格音乐的搭配，不同场所、不同时段，需要不同的音乐器具和旋律的搭配。一个真正能够符合主题旋律的度假圣地，需要努力和用心地营造。

（3）嗅觉

阳光、海浪、微风、花草，甚至空气，都是有气味的。事实上，人类对气味的判断，有时候只是生理和心理的反应。绿植密布代表着清新，在其中漫步，不自觉地就会嗅到神清气爽的"气味"。倡导环保的度假酒店业，要抓住客人的嗅觉，更要抓住健康。因此，主题风格要和生态紧密结合，让游客在清新的空气和淡雅的味道之中"深呼吸"。

（4）味觉

人类对美食的喜爱是与生俱来的，特色的美食和周到的服务是留住客户最基本的条件。在此过程中，创新至关重要，这既要求在产品上，不断研究餐饮的味感、营养和意境，也要求将餐饮和服务进行多元化整合，提高附加值，如利用特色的饰品、器皿，提供特色饮料、小菜等。尤其要在度假酒店客房餐饮的服务中融入人性化的观点，时刻以提供体贴服务为目标，让客人可以在温馨的卧房中，享受酒店给予的美味食物，满足味觉上的需求。

（5）触觉

触碰到柔软的床铺会有困意，处碰到沁凉的清水会觉得舒爽，触觉所给予的是一种和心灵最为贴近的感受，这是最敏感的知觉，是可以脱离语言而独立存在的。度假酒店在特色风格的打造中，一定不能忽视这个容易被遗忘，但却至关重要的知觉。只有抓住这一点，才能从细微处体现敏锐，体现和谐。

（6）感觉

这里说的感觉是一种超越常规知觉的体验，更像是一种氛围，一种归属感。在感觉享受以外，游客在度假时更需要发自内心的情感关怀。度假酒店要在设计中从感觉方面着手，打造一种独特的风格，给所有光临的客人以一种安静温暖的氛围，并提供周到的服务，以亲朋好友的心态来对待顾客，在情感的培养上多下工夫。情感的交流和融合才是经营度假酒店最核心的竞争点，也是最能够使客人留连忘返的制胜法宝。

要点4

度假酒店主题风格营造步骤

在酒店市场竞争激烈的新形势下，特色化战略成为度假

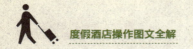

酒店发展的必然选择，而文化是塑造特色主题脉络的根本手段。度假酒店要真正形成自身特色，必须通过挖掘酒店所在地最有影响力的地域特征、文化特质，确定一个特定的主题，以此作为统领度假酒店的核心发展脉络，并围绕这个主题进行酒店的设计、建造、装饰、生产和提供服务，建设具有全方位差异性的度假氛围和经营体系，从而营造出一种无法模仿和复制的独特魅力与个性特征，实现提升酒店产品质量和品位的目的。这对于酒店能否取得重大成功具有重要意义。

度假酒店的主题经营步骤

步骤1：准确的主题定位——寻找主题

度假酒店的经营必须有准确的主题定位。主题的选择，既可以根据特定的度假元素加以确定，如海水、沙滩、阳光等；也可以根据度假的功能加以设定，如养生、理疗、健康等。不管是何种主题定位，都应该是从客人角度出发，能带给客人独特的度假感受。同时，这个主题必须有相应的文化，主要表现为民族文化、地区文化和产品文化。如中国的"礼仪之邦"文化，美国夏威夷地区的"阿咯哈"文化，星巴克的咖啡文化等。度假酒店的经营只有融入丰富的主题文化内涵，才能带给客人有价值的体验。

案例

成都西藏饭店

坐落于天府之国成都锦江河畔的五星级藏文化主题酒店——成都西藏饭店，是现今中国境内最具行业知名度的民族文化主题酒店。饭店一直以来坚持满意加惊喜的服务理念和差异化战略的经营策略，以其独特的藏文化为主题，不断引进、实施全球最先进的管理经营模式，在至今长达数年时间里，无论是经营业绩还是行业影响力，均有不俗表现。

为将自身最完美的状态展示于每一位宾客面前，西藏饭店重金邀请了美国著名建筑设计大师海茨先生对原有的客房进行了全方位的精品化设计改造，使西藏饭店不但在氛围上越发显示出藏族文化的韵味，在功能上也全面满足了各种现代化生活的高端要求。改造后的饭店，被重新精品化浓缩而成的275间各式客房，更以其藏式风情同现代都市生活完美结合彰显出独特魅力。

● 成都西藏饭店外观

● 成都西藏饭店藏宴

● 成都西藏饭店藏式婚礼

● 成都西藏饭店特色客房

步骤2：和谐的主题环境和氛围——展示主题

有了好的主题概念，必须通过主题环境与氛围来展示主题。具体来说，和谐的主题环境与氛围应做到以下几点：

- 主题建筑与外部环境和谐
- 主题景观与主题建筑和谐
- 主题环境和氛围与主题风格和谐
- 员工行为与主题氛围和谐

形成和谐的主题环境与氛围的要点

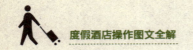

① 主题建筑与外部环境和谐

主题建筑是度假酒店的有形展示，酒店本身独特匠心的设计以及现代建筑的精美绝妙，对于下榻于此的游客可能更是一种别样经历。主题建筑除了要追求独特外，还应该把握好和周边地理环境的协调性。

② 主题景观与主题建筑和谐

主题景观是度假酒店主题文化的一种主要表现形式，主题景观和主题建筑的和谐一致能够对主题渲染达到锦上添花的效果，但如果不和谐则会有画蛇添足的遗憾。

③ 主题环境和氛围与主题风格和谐

主题环境和氛围是主题概念的物化。主题建筑、主题装饰物、主题背景音乐都必须精挑细选，严格把关，做到尽善尽美、和谐一致，从而烘托出一个惟妙惟肖的主题环境和氛围。

④ 员工行为与主题氛围和谐

员工行为是主题展示的一个非常重要的方面，员工行为在服务接触中传递着主题概念，在没有和客人接触的时间，员工行为是动态的主题展示。

步骤3：独特的主题设施与产品——传递主题

度假酒店的主题经营，离不开相应的设施、产品。主题设施主要包括主题客房、主题餐厅、主题活动设施；主题产品则主要包括主题菜肴、客用物品等。主题设施与产品在和客人的长时间接触中，传递着酒店的主题。度假酒店的主题设施与产品设计，要注意实施感官刺激。当体验者进入角色后，需要通过感官刺激给体验者留下一个深刻难忘的印象。在空气气味、食物、装饰物、灯光、色彩、背景音乐等方面下工夫。

没有主题活动的度假酒店是不完整的，或者说没有主题活动的度假酒店会大大降低客人的体验价值。所以，度假酒店应该有丰富的主题活动，这里所说的"丰富"，是指主题活动的种类

和内容，主题活动类型要多样，内容要充实，要让客人能够得
到多层次的体验收获，包括身体的、精神的，从而达到丰富客
人体验内容的目的。如迪斯尼度假酒店与迪斯尼配套的游乐经
历，往往给客人以丰富的体验，特别针对不同年龄层次儿童设
计的俱乐部活动或主题游艺、餐饮活动，更是让大人和小孩津
津乐道。

成都西藏饭店藏宴会餐具

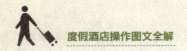
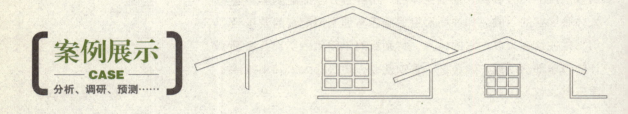

案例展示
CASE
分析、调研、预测……

郑州市纯水岸度假酒店广告推广策划方案

1. 郑州市本行业市场状况分析

状况1：娱乐休闲餐饮业一向被认为是高利润行业，甚至是暴利行当。现在郑州市娱乐休闲餐饮业市场竞争日益激烈，内有不断激增趋于饱和的市场竞争，外有虎视眈眈待机大举进攻的国际化娱乐休闲管理集团。

状况2：为了在激烈的市场竞争中更好地生存发展，行业之间的营销手段花样翻新。然而这都不是有效吸引消费者目光、赢得客源的根本。

状况3：如今的消费者变得越来越理智，也越来越精明，不仅看谁家环境好、服务优，更看谁家的价格低、更实惠。于是不少餐饮业打起了价格战，价格越降越低，利润空间也越来越小。中国娱乐休闲餐饮业已步入微利时代，一些餐饮业经营陷入困境(据统计约有70%处于保本经营或严重亏损)，生存发展举步维艰。

状况4：在越来越激烈的娱乐休闲餐饮业竞争中，是否能够立于行业之

● 纯水岸度假酒店

林，摆脱困境，仍是不容忽视的现实问题，娱乐休闲餐饮业微利时代的到来是不以人的意志为转移的，郑州业界如何应对微利时代的到来，或者说在微利时代到来之际，如何更好地生存发展呢？

2. 纯水岸度假酒店资源整合策略

（1）合理准确的市场定位是关键

对娱乐休闲企业的经营者来说，准确的企业品牌核心定位是生死攸关的大事，不得不认真对待。纯水岸度假酒店的品牌价值定位应对周围同类竞争企业的分布情况，经营品种，风味特色，以及效益如何，周边单位，居民及客人阶层情况，交通是否便利，能否停车，每月的客流量、车流量等问题作综合分析，确定企业自身服务产品的优势和劣势。

纯水岸度假酒店市场品牌定位：全方位一站式，阳光休闲娱乐胜地。

定位阐释：

①本酒店包含一体化的娱乐、休闲、餐饮、住宿硬件设施，全面丰富的娱乐项目，构成了现在国内盛行"一站式"消费模式，把此项概念运用到酒店业具有很强的轰动性，亦便于提升本酒店超大规模的实力和品牌。

②"全方位"的提出，不但表现出该酒店过硬的服务条件，更形象地说明了酒店为顾客周到的考虑和细心体贴的服务措施，更能吸引多数客户的消费心理，具有很强的说服力。

③酒店就是提供优质完善的服务，只有拥有"阳光"的服务才能贴切诠释出项目的核心服务宗旨，彻底提升了酒店真诚为客人服务的价值和形象。

④"休闲娱乐"是酒店服务的基本内容，必须强调出特殊性和差异化，由此，酒店不但在服务上、管理上、规模上、形式上都能够很突出地展现在目标消费群面前，具有很强的记忆力和表现性，是值得追捧的亲身体验。

（2）舒适化、亲情化的服务是重点

休闲娱乐业本身就属于服务行业，服务水平的高低至关重要。同样的规模档次，同样的品牌质量，不同的服务形式就会带来不同的结果。也就是说，服务质量将直接影响到本酒店的生存和发展。

（3）大众化的价格是保障

价格是市场消费者的核心问题。随着近几年公款玩乐的势头不断减弱，盲目讲排场的消费现象现在已不多见，但是商业上友情消费、休闲消费势头一路上扬，人们的消费观念也更趋于理性，不止重环境、重服务，也重价格。谁家环境好、规模大、服务佳且价格实惠，谁家就会吸引更多的消费者的目光。

● 纯水岸度假酒店大厅

郑州市有一家黄鹤楼大酒店，地理位置较为偏僻，开业时间也不长，但天天食客盈门，就是得益于它的准确的市场定位和独特的价格战略。深谙经营之道的该酒店董事长说，就是把黄鹤楼大酒店办成老百姓的厨房、生意人的食堂。这种经营理念为黄鹤楼大酒店带来显而易见的优势。相对于高档酒店，黄鹤楼大酒店有明显的价格优势。

● 纯水岸度假酒店休息室

（4）加强成本核算是根本

休闲娱乐餐饮酒店业如果成本控制不到位，造成物品流失，即使天天顾客盈门，看上去很红火，月底一算账也只能"赔钱赚吆喝"。值得说明的是成本控制不是目的，仅是手段。休闲娱乐酒店的经营目的是赢利，通过多种手段达到赢利的目的，对项目来说才是成功。成本控制仅是酒店管理的一部分，全面进行经营中的开源、节流、创新才是酒店永恒的追求。

成本控制应避免走入几个误区：一是节省必要投入或以次充优，导致企业竞争力弱化；二是成本控制的不规范运作，家庭式管理或非理性的制约，祸及企业的正常发展。

（5）品牌化经营是出路

休闲娱乐餐饮业的品牌时代要求以现代营销模式改变整个行业的格局，休闲娱乐业作为一种店铺经营模式，必须注重三高，即高知名度、高美誉度、高市场占有率。品牌时代的显著特点是规模大型化，事实上高额利润的最终获得，依靠的是规模扩展和成本大幅度下降，只有达到适度规模，才能降低成本，才能施行企业CIS计划，塑造企业形象。

目前休闲娱乐餐饮业已经成为市场化程度极高，充满竞争活力的行业，固有的市场是瞬息万变的，要想在激烈的市场竞争中站稳脚跟，不被竞争所淘汰，必须谙熟市场状况的制胜之道。大胆创新，深化内部的经营管理和革新挖潜，并不断强化成本意识，适应现代的发展要求；同时要建立科学的管理体制，树立全新的经营理念，进而实现经济效益和社会效益的双赢。

3. 酒店广告推广策略

（1）本酒店目标消费群分析

纯水岸度假酒店目标受众人群：高级商业白领人士和私人企业主或老板。

特征1：从事企业经营和管理的高级金领人士，身价高过上百万元，已属于社会"金字塔"高层上的事业成功者，以及政府机构有关人士；

特征2：对社会经济形势有自己独到的见解，对商业市场状况有清楚的认识，信息来源广泛，行为稳重，有魄力的成功人士；

特征3：交际广泛，经常出没于高档消费场所，日常事务异常繁忙，时间宝贵，具有自己的专属轿车，注重知识修养和生活品位以及喜欢休闲娱乐的中青年人群；

特征4：行事果断，投资眼光敏锐，有自己经营的公司或企业，目标远大，个性突出，对待行业信息非常关注，且一般业务人员很难接近交流；

特征5：有相当一部分从事的行业包括：IT业、网络公司、律师事务所、广告公司、医药、通信、电子等类型的私人企业主；

特征6：注重与匹配自己身份的人士来往，对品牌化的企业运作向往已久，对待购买和投资很有技巧。

他们是社会的一群中坚力量，他们已经获得一定的成就，但却仍在为更好的生存和资本积累而努力。他们是东西方价值观并存一体的一代，因此，他们会为了实现自我而锋芒毕露，却又会使用中庸的处世哲学保护自己。

（2）广告语定位：品尝最美丽的时光

广告语阐释：

优势1：力求用生动化的语言打动消费者的心灵，表现本酒店完善可人的服务态度，为客人提供人生最美妙的娱乐时光，并且形象地说明酒店内一体化的服务方式，具有很强的诱惑性和体贴感。

优势2：目标消费群体是一群喜爱放松自我，真正享受生活的人群，他们大部分社交广泛，结交频繁，在生意场和工作上会经常需要在一片安静的以及充满乐趣的地方畅谈、交流和享乐，这样的广告语很易于感染高收入群接受我们的服务。

优势3：这条广告语易于传播，扩大品牌知名度，简洁明了，富有想象力，比较贴切本酒店的服务宗旨和企业理念，为争取到更多的消费顾客打下了基础。

（3）纯水岸度假村前三个月的广告推广的具体方式

①持续一致的品牌传播。坚持持续一致的品牌传播是一些国际品牌走向成功的不二法门。可口可乐上百年来一直强调它是"美味的、欢乐的"，从未改变；力士一直坚持用国际影星作形象代言人，诠释其"美丽的"承诺，达70年之久；耐克一直赞助体育活动，从不涉足其他活动。品牌策略一旦确立，只可坚持，绝不可半途而废。

牛仔服装的著名品牌Lee重拾品牌策略

牛仔服装的著名品牌Lee曾因中途改变其形象而陷入困境。Lee最初的广告语是：最贴身的牛仔。应该说，它在那些大都宣传自己"领导潮流、高品位、最漂亮"的牛仔服市场中拥有了自己的独特个性。但广告播出后很短的时间，便遭到了中间商特别是零售商的反对，他们自恃更了解消费者的心理，认为消费者要购买的是时装，应宣传产品的时尚和品味，而Lee避开时尚宣传贴身，太理性和陈旧。Lee接受这一意见，改变了策略，两年后，Lee陷入困境。在总结经验教训的基础上，Lee重新回到了原来的定位：最贴身的牛仔。经过持续不断的宣传一直到今天，Lee终于在强者林立的牛仔服装市场中树立起其"最贴身"的形象。

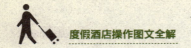

　　综上所述，广告的推广过程中，须坚持沿用同一风格、统一颜色、统一策略的方式进行有深度、有目的、有目标地投放，为品牌价值的累计集聚力量，在达到一定程度后，广告的知名度和品牌形象渐渐被传唱，最终铸成品牌的利器。

　　②广告推广方案的媒体运用总体策略。根据该酒店现实的市场情况和我们所针对的目标消费群的生活习惯，把酒店的品牌形象完善地表现传达到位，让受众人群给予酒店特色化经营和服务宗旨具有准确的认识、了解，从而在以后的广告活动中产生共鸣意识，同时把酒店的品牌形象深入到顾客心中。

　　在所有广告内容表现上力求突出"一站式娱乐设施，尊敬的服务规范"，从不同的媒体形式全方位衬托酒店的高档品位一条龙式的品牌形象。

第四章
04

内部运营重点:
网络化是星级酒店经营管理的核心要素之一,没有快乐的员工就不可能有快乐的客人,
这对于度假酒店来说非常重要
经营模式:
多元化的经营模式和连锁经营的运营思路成为未来度假酒店未来走向

清晰的内部运营是度假酒店
成功运作的关键

　　度假酒店的经营管理与传统酒店有很大意义上的不同。传统酒店需要一个干净的、无忧无虑的、相当漂亮的居住和工作环境,确保酒店的经营有条不紊地进行,而这仅仅是度假酒店经营的基本条件,它更需要一个系统的、完善的内部运营机制。

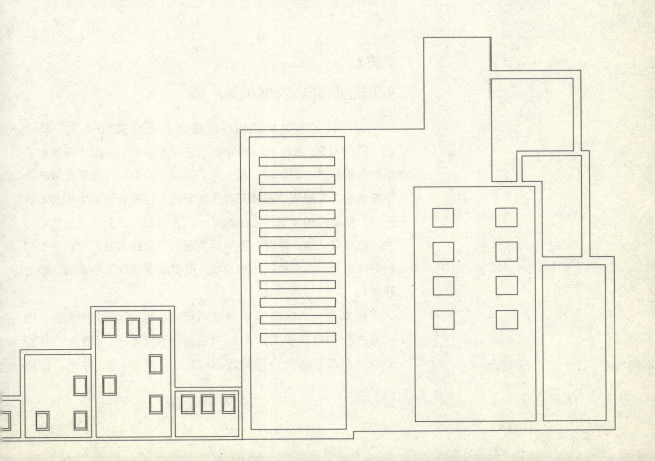

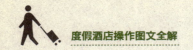

我国度假酒店经营管理的现状分析

目前我国的旅游消费方式和结构开始发生改变，休闲度假的需要催生了一个巨大的市场，度假酒店吸引了大量不同类型的企业进入。

现状1 ·······➤ **现状2** ·······➤ **现状3**

发展前景广阔 ➤ 经营管理存在问题 ➤ 发展趋势明晰化

现状 **1**

我国度假酒店发展前景广阔

目前我国五星级酒店中度假型的已经有20多家，其中2004—2006年出现了14家。现在已有星级度假酒店100多家。新的度假形式不断出现，高尔夫、温泉、会务、休闲娱乐等产品不断涌现。度假酒店整体开发是健康的，但发展过程中也有一些问题，如目前的度假产品结构单一，客房收入占总收入的比重过大，而来自文娱、体育、餐饮等方面的消费比重低。此外应该引起警惕的是局部开发过热的现象，开发商要做好市场调研，理性开发。

当前亚洲休闲度假市场潜力巨大，且市场时机成熟。通过潜在的家庭购买力、产品权益和渗透率分析可看出，亚洲分时产权市场潜力会员超过200万人，产值78亿美元。按照国际惯例，中国年收入超过50万的人群将由旅游观光型客户向休闲度假型客户转换，按照与国际接轨的生活方式，此类人群每年将有两次休闲度假需要。假设年收入超过50万的客户人群比例占到中国人口2‰，则中国将有约250万人具有此类需求。按照每一度假村每年接待此类客户2000人，每人每年在此度假村消费两次计算，则中国需要1250个此类的度假村来满足此类需求，由此可知，每个度假酒店将会接待大量客人。

由此可以看出，随着中国经济的快速发展，国民的生活水平得到了很大提高。加之政府实施一周双休日制度后，国人休闲时间大大增加，刺激了人们的旅游意愿，与此同时，人们消费能力提升，到风景区的度假酒店度假便成为热潮。进入21世纪后，世界旅游产业的格局和结构也发生了一些重大的变化，变化之一就是以参观游览为主要目的的传统观光型旅游活动将让位于以休闲、放松、康体、娱乐为目的的度假旅游。

国内、国际在旅游发展上有差别。国际上的旅游是先国内，后出境、入境，发展中国家则相反。度假旅游要的是天数和人均天消费。度假时间长、消费高，国际旅游收入是人数、人均天消费、天数，我们国家的旅游收入是人数、天数、人均消费数。

国际上十大旅游产品是海滨度假、运动、探险、自然、文化、城市、主题、会奖、游艇等，中国旅游开始于观光，后是休闲、会议。中国旅游度假产品概念是线路向内容转型，城市、目的地向产品转型。

中国的度假旅游目前还不是主流趋势，但是度假旅游在国外已成为主流。以法国和西班牙的度假旅游为例，度假人数是法国第一，西班牙第三；而收入则是西班牙排第二，法国排第三。

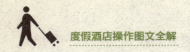

我国度假酒店的经营管理存在的问题

虽然现阶段我国度假酒店处于快速发展时期，但在经营管理方面仍有很多不足，许多制约着我国度假酒店发展的因素依然存在，主要有3方面问题。

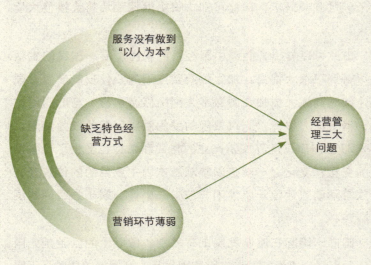

度假酒店经营管理中的常见问题

问题1：服务没有做到"以人为本"

随着社会经济的发展和人们生活水平的提高，度假酒店客人的需求也在不断发生变化，越来越呈现出多样化和个性化的趋势，但许多度假酒店提供的相当一部分服务实际上已不能满足客人的这些需求。

一个酒店必须具备良好的自然环境、丰富的酒店产品、过硬的硬件设施和优良的服务水平。所谓优良的服务就必须要做到顾客的度假需求、心理和体验来考虑酒店的服务内容，特别是服务人员在性格上以及服务技能上需表现得更为欢快和灵活，性格要具有亲和力，能与客人有很好的交流，在服务技能上能带给客人舒适、自然、安全的享受，营造和体现一种自由自在的氛围，让客人彻底放松，玩得尽兴舒心，然而现在许多度假酒店提供的服务并未真正做到这一点。

同时，我国度假酒店的经营特点决定了其必须提供更全面、更人性化的服务。但有些度假酒店盲目追求与众不同、个性化的服务，却忽略了在理解和尊重客人的各种基本需求的基础上，因此更需要充分理解客人对返璞归真的强烈向往，为客人提供回归自然的度假项目和充满人性化的度假服务。

问题2：缺乏特色经营方式

随着国人度假需求的增长，更多度假酒店的经营管理者认识到打造中国特色的度假酒店的必要性。但从目前度假酒店市场来看，还不是完全意义上的度假酒店，建筑设计与商务酒店没有太大差异，在客人居住上缺乏"家"的感觉。

度假酒店与一般酒店在经营管理方面有很大区别，因此不能完全按照酒店的管理模式来经营管理度假酒店。但是现阶段，相当一部分度假酒店的投资者、经营者没有认清这些区别，仍按照酒店的模式去建设与经营管理，如在硬件设施方面。事实上，度假酒店在地理位置、建筑设计与装潢、服务设施等方面与一般酒店存在明显的区别。

问题3：营销环节薄弱

① 经营项目单一，缺乏特色

相对于其他类型的酒店来说，度假酒店拥有更多可利用的资源，但目前我国大多数度假酒店在提供服务项目上形式过于单一，如温泉度假酒店提供的特色项目就只有温泉、疗养。酒店经营者不懂得横向发展，最终错失商机。

② 网络信息技术营销手段落后

随着全球经济一体化的发展，饭店企业对待市场竞争的态度也发生了明显的变化。酒店运用网络信息技术营销可以使销

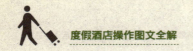

售和推广费用大幅度降低，有效降低技术开发费用和风险，有利于开发出更加适合顾客需求的新产品，从而可以更加有效地开展市场营销活动。这样将使酒店在经营中获得更大的市场空间，并具有更多、更强的竞争优势。但我国度假酒店一直采取比较传统的市场营销手段，对于网络信息技术的营销落后于其他行业，其主要原因就是营销的观念跟不上。

③ 品牌战略意识低

酒店品牌，是酒店品质的重要标志，是酒店无形资产的重要组成部分，是形成客源的重要因素，是酒店营销策略的高级手段。品牌可以使酒店具有较高的声誉，大大提高酒店的知名度和美誉度，造就一大批忠诚的顾客，形成垄断性的客源市场，从而为酒店带来大量的客源也就是财源。但受短暂利益的影响和缺乏经营远见，品牌战略在我国度假酒店经营上却得不到重视。

④ 集团化发展落后

欧美发达国家酒店集团的重组大多是市场规律作用和酒店自发选择的结果，发展模式主要包括横向一体化和纵向一体化两种方式，而我国酒店集团的重组是由政府撮合"拉郎配"发展起来的，这样就缺乏市场纽带的连接，无法形成凝聚力。目前虽然酒店集团化引进了西方先进的集团化管理理念，但酒店集团化要在度假酒店运营上取得重大发展还需要一些时间。

⑤ 人力资源匮乏

人力资源问题大概是酒店业都面临的难题了，人力资源匮乏与紧缺日益严重，亟待一个行之有效的解决方法。从某种意义上讲，要保证度假酒店经营管理质量和旅游产业的可持续发展，人才是第一要素。而度假酒店因其地域性特点以及对人才的高要求等原因更加重了对人才管理的难度。再加上缺乏先进的人才管理机制，人才管理将是度假酒店更需探讨的主要问题。因此，从近期来讲要引进人才，从长远来讲要培养人才。

现状**3**

21世纪国际旅游度假酒店经营管理的发展趋势

（1）适应人口老龄化趋势，度假村服务和经营将走向无障碍化

21世纪，人类社会将进入老龄化社会。据新加坡《联合早报》报道：由于人均寿命的延长和人口出生率的下降，21世纪老年人人数将大为增加。到2012年，超过65岁以上的老年人将占新加坡总人口的一半以上。

新加坡老龄化人口发展趋势

目前	2030年
每14个新加坡人中，有一个老年人	每5个新加坡人中，就有一个老年人
目前，新加坡65岁以上的老年人有22．59万人	65岁人口增加到79．59万人

而中国也同样成为老年型人口的国家，进入老龄化社会。因此，21世纪的度假酒店的建设、经营、管理和服务必须考虑老年人的需求。除了为残疾人提供无障碍服务以外，还应为老年人、儿童和妇女提供无障碍服务，向他们提供能够满足其特殊需要的专门的服务设施和服务项目，并使他们能有机会参与度假酒店组织的多项活动。

（2）度假酒店经营者将更加注重度假者的人身安全和健康问题

在21世纪，旅游者将更加注重自身的安全与健康，与此同时，21世纪的旅游者将日益面临着涉及自己人身安全与健康方面的威胁。从世界范围来看，度假酒店经营者面临的任务是能否保证度假者不受恐怖主义者、爱滋病以及各种新、旧类型传染病的袭击，能否为度假者提供一个"安全与健

康"的环境，谁能提供，谁就有生意可做！

（3）度假酒店的竞争将主要表现为文化竞争和品牌竞争

21世纪，世界范围内（包括中国在内）市场经济将日趋成熟，竞争也将更加激烈，但竞争的层次将不断提高，度假酒店的竞争将从低层次的价格竞争逐渐转向高层次的文化和品牌竞争。有文化品位、有鲜明的个性和特色或有高知名度、高质量品牌的度假酒店将受到顾客的青睐，在竞争中立于不败之地。

（4）21世纪"包价度假"将在度假酒店的经营中大行其道

人们外出度假的目的是放松，"包价度假"要求度假者在外出度假之前一次性交清度假期间包括住宿、餐饮、娱乐、健身等所有费用（极少数项目例外），免去为每一项服务付费之烦恼，从而可以使度假者在度假期间达到彻底放松的目的。因此，在21世纪"包价度假"将在度假酒店的经营中大行其道。

（5）度假酒店趋向于低碳生态化、智能化的发展方向

度假酒店在选址设计、建筑装饰、经营意识上越来越注重低碳生态化、智能化的发展方向。回归自然是现代都市人的梦想，而度假酒店正是实现这一梦想的载体，可以说，从诞生时起，度假酒店就打上了生态的烙印，随着人们生态、健康意识的增加，这种烙印越来越清晰和主动。从室外的环境，到室内的布局，甚至材料设备的选择，都要遵循生态的原则，构造整体的和谐生态空间，给游客一种回归的感觉和"天人合一"的感悟。在构造生态空间时，应最大限度地利用和发挥周边自然环境的资源优势，实现"天造一半，人造一半"。

由于旅游度假建筑多是处于环境优美的生态敏感地带，所以度假酒店在选址与设计上突出建筑与人文环境的共存。尊重

自然，最大限度地保持原有的地形地貌，创造出"尺度适宜与湖泊、海景为友，与山相邻，融于自然"的景观效应；在建筑与装饰上注重环境的营造、服务项目设计、功能生态布局与空间的使用效率；强化低碳生态环保意识，如节能降耗：采用绿色建筑、太阳能与建筑一体化、分散与集中相结合的资源优化配置和循环利用、绿色交通及废品处理、一次性用品改造等。

三亚华源温泉海景度假酒店

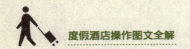

 # 智能化保障度假酒店经营管理高效运行

酒店智能化是当今酒店业建设、发展的一个必然趋势，酒店设施设备的智能化水平高低表现了酒店科技化应用的程度，也在一定程度上反映了酒店管理水平的高低、决定了客人满意度实现的效果。

要点1 酒店招徕客源	要点2 酒店管理	要点3 集团跨地区经营
要点4 顾客资料库	要点5 营销要与网络结合	

随着科技发展得越来越快，越来越多新的技术、新的材料被运用到了酒店的设计与建设当中，提升了酒店的功能，并且向绿色环保方向迈进了一步。例如，客房和浴室有了更大的空间，酒店的家具更为考究，灯光、弱电设计细致入微，平面布局突破传统，室内材料的设施更加高档和人性化。这些都成为科技和缜密构思的一个集中的表现，如客人就算泡在浴缸里也能够随时方便地操作各种设施、灯光控制和音响等。又如南宁桂景大酒店，当客人办理入住手续后一打开门，挂在墙上的智能显示器的显示屏就会出现字幕："某某客人，欢迎您入住本酒店。"随后是介绍酒店客房功能的字幕显示。客人要退房时只要按一下"ＳＯＳ"这个触摸键，客房服务中心电脑屏幕就会显示，客房服务员马上会来查房，并为客人办理退房手续，

客人无须再到大堂的总台去办理退房手续。

　　智能化已成为酒店追求的法宝之一。如海格拉斯酒店的商务客房，目前就使用了中国电信推出的最新业务——"数码 E 房"，让入住的客人尽情享受先进通信手段带来的便利。

度假酒店智能化的应用领域和内容

智能化的应用领域	智能化的内容
招徕客源	通过网络来预订酒店
酒店管理	内部局域网方便了酒店的管理
集团管理	集团跨地区经营的布局网以及集团酒店间的网络信息资料联网，便于内部交流
顾客资料库	包含客史档案以及丰富的服务资料和信息
酒店营销	品牌营销和活动营销

要点1

酒店招徕客源

　　随着网络的普及，越来越多的旅游者通过网络来预订酒店，现在我国最火的携程网，它占了我国酒店网络预订的半壁江山，也体现了网络的强大力量。每年，通过携程网预订的酒店人数达到数百万。

要点2

酒店管理

　　网络分为宽域网、局域网等，酒店加入全球预订系统可为酒店招徕生意，通过内部局域网设置则方便酒店内部管理。酒店的内部网络可以帮助酒店的管理人员全盘掌握酒店的经营、管理情况。酒店每天的收入、酒店的日常支出都能在酒店的管理网络中得到及时体现，这样一来，管理者能在第一时间了解酒店的全局，并且根据情况作出调整，以保证酒店的运营良好，利益得到保障。

全球四大客房预订系统

全球四大客房预订系统即环球（World Span）、佩剑（Sabra）、阿波罗—伽利略（Apollo-Galileo）和阿美达斯（Amadeus），众多的国际酒店集团都与之联网，招徕客源。

要点**3**

集团跨地区经营的布局网以及集团酒店间的网络信息资料联网

设置集团跨地区经营的布局网以及集团酒店间的网络信息资料联网，可以保证集团下的各成员酒店实现资源共享、客源互输、经验共用。通过联网，各酒店可在第一时间了解总部的最新动态信息及指示，从而及时作出反应和相应的调整。而酒店成员亦可通过集团内部网络相互交流、相互学习，不断取得进步。

要点**4**

顾客资料库

顾客资料库不但包含了客史档案，而且有丰富的服务资料和信息。最值得称道的是万豪酒店的顾客资料库，它里面有来自全球100多个国家、上百万客户的相关资料，既有客人的喜好，也有客人的国籍、职业、年龄等相关信息，使得客人在下榻任何一家万豪酒店时都能获得为其量身定制的个性化服务。

北京万豪酒店位于朝阳区东四环CBD商业中心，由著名的万豪国际管理集团管理。酒店设施豪华，交通便利

要点**5**

度假酒店营销要与网络结合

度假酒店网络营销的重点

度假酒店网络营销重点	具体内容
提高直销能力	无论是单体还是连锁酒店，一定要有自己的酒店网站。在度假酒店网站的设计上，必须注意页面精美、拥有网络地图、优化搜索引擎、运营方便；在维护上应该注意跟踪访问网站的浏览者
支持多渠道战略	一方面接入主流酒店营销渠道，另一方面结合目的地实现有效营销，这是品牌营销的重要补充
加强行业合作	加强行业间的优势互补，保持互利合作
提高合作能力	满足OTA（Open Travel Alliance）规范的开放的系统构架，是合作能力增强的前提基础。酒店有自主的网络和系统，可以接入多渠道，实现酒店自主的多渠道战略，提高合作能力

　　未来酒店主流销售渠道的特点如下：一是多渠道并存；二是企业独立拥有自己的网络营销系统，并和客户、供应商、合作伙伴的系统实现对接；三是酒店网站将成为最重要的销售渠道，实现"酒店网站＋查询引擎""酒店网站＋智能索引"；四是收益管理将成为酒店最重要的渠道管理工具；五是酒店将成为酒店销售的主宰者。所有的供应者需求者构成了酒店网络营销的网络，CRS网站、网络旅行社、搜索引擎、目的地网站、联盟网站等是Internet的参与者和引领者，将会无中心、无边界地发展。

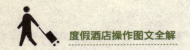
 # 保持快乐的工作状态是员工管理和酒店服务的重要课题

没有快乐的员工就不可能有快乐的客人，这对于度假酒店来说，显得更为明显而重要。从发展趋势来看，快乐工作管理将是我国度假酒店经营管理者的必修课程。

课题1	课题2	课题3
构建快乐管理平台	营造快乐工作环境	培养快乐工作心态
课题4	课题5	
树立工作责任感	培养民主决策意识	

课题1

构建快乐工作的管理平台

要让员工快乐工作，就组织层面而言，必须搭建快乐工作的平台，让员工人尽其才、才尽其用、用有所得。

（1）吸引人才的人事政策

度假酒店应确立"有位才有为"的理念，制定相应的人事政策。应遵循发展才是硬道理的思想，注重企业的持续发展，为员工的晋升创造空间；同时，必须注重职业生涯的管理，建立员工职业发展的通路，为员工的发展提供平台。

（2）按能授职的用人制度

按能授职，讲究能位相称、职得其人、人尽其才。这里的"能"是指才能，"位"是指岗位、职位。其原理是，根据人的才能把人安排到相应的职位上，保证工作岗位的要求与人的实际能力相呼应，并趋于一致。

（3）科学实用的绩效管理

绩效管理是一系列让被管理对象完成组织设定目标，并实现员工个人价值的管理过程。对此，要建立完善的绩效管理系统来进行绩效考核。

科学实用的绩效管理

绩效管理系统	相关内容
建立科学的业绩评价体系	度假酒店业绩评价体系实际上是度假酒店管理和员工的工作导向，应根据度假酒店管理的目标加以设定。度假酒店业绩评价体系必须体现客观、全面、科学的原则，有利于增强团队合作技术和员工钻研业务技术、锐意改革创新、提高工作质量的积极性
建立科学的绩效考评体系	绩效考评是对被管理者的工作行为状态与行为结果进行考核评估。绩效考评的目的是为了加强控制和反馈，保证组织目标的实现和员工的个人成长
建立科学的绩效回报体系	通过设定有效的绩效回报体系，将绩效评估结果与被评估者沟通，并将其应用于薪酬分配、职位变动、人力资源开发、员工个人职业生涯的规划中

课题2

营造快乐工作的环境

要让员工快乐工作，就领导层面而言，要通过营造和谐的人际关系来激发员工的工作自主性，努力培养度假酒店与员工之间、管理者与员工之间、员工与员工之间的信任度，为员工营造一个和谐、合作和宽容的良好氛围。

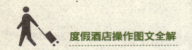

营造快乐工作环境的3个要素

（1）井然有序的工作环境

度假酒店员工要快乐地工作，很重要的一条就是要清楚地知道干什么、为什么干、怎么干。所以，建立井然有序的工作环境，这是营造快乐工作氛围的基础。

（2）宽松愉快的工作氛围

建立良好的人际关系的关键点包括3个方面：

一是要尊重与信任员工，让员工感到自己是一个有长处、有成就、有贡献、有价值的人；

二是关心员工的生活，使员工体会到工作的价值和生活的快乐；

三是增加组织的人情味，营造"大家庭气氛"的氛围。

度假酒店作为服务性的行业，要取得良好的社会经济效益，就必须确立"客人至上"的服务宗旨，即把客人当做"衣食父母"一样，给予客人充分的尊重和理解，但是度假酒店员工同样也需要得到别人的尊重和理解。所以，度假酒店必须为员工营造宽松愉快的工作氛围，以便让员工心情舒畅地工作。要尊重员工的"个体性"，理解员工的过错与抱怨，注重对员工的督导，并不断激发员工的工作热情。

（3）友好温馨的人际环境

度假酒店的工作很紧张，也很辛苦。同时作为特殊的服务行业，为了满足客人的物质生活和精神生活的需要，必然需要牺牲一些员工的个人利益，如工作时间不稳定、节假日加班等。为此，度假酒店的管理者必须注重对员工的关心和爱护。

课题3

培养快乐工作的积极心态

心态是人的思维方式与相应的处事态度，是影响行为的一个重要因素。心态要素包括了3个层次的心理活动：认知、情感、态度。这3个要素是步步为营、不断升华的连续过程。要快乐工作，对员工而言，就必须有积极的心态。

3个层面的心理活动

认知	情感	态度
对工作必须有正确的认知	必须有快乐的心境，从而保持工作的激情	快乐工作必须有积极的态度

快乐工作3层面的心理活动

（1）对工作必须有正确的认知

是否快乐，其实与工作本身无本质的联系，关键在于个人对工作的认知。把工作仅仅当作谋生手段的人，往往是一个缺乏快乐的人。而认为"三百六十行、行行出状元"的员工，则往往能够把无聊、乏味的工作做出花样来，那么这个员工就会感到很快乐。人可以通过学会自我激励、自我肯定，学会自己寻找成就感来实现快乐。

（2）必须有快乐的心境，从而保持工作的激情

所谓激情是超乎认知的一种心态要素，是一种强烈情绪的体现和爆发。从本质上讲，员工的激情是自身品质、精神状态和对事物认知程度的一种外化表现。一旦人的心态从认知上升为激情，就会产生巨大的心理动力。

（3）快乐工作必须有积极的态度

所谓态度，是指对特定对象的情感判断和行为倾向。态度是人类心理外化活动的最基本状态，它可以因诸多因素而产生。积极的态度主要表现为以下4个方面：

勤奋	主动	负责	虚心
要把工作看成是自己的事情，专心、尽力去做	不用别人说就能出色完成工作任务	要认真做事，恪尽职守	要永不自满，好学上进

积极态度的主要表现

课题 4

树立对工作的热情和责任感

企业之间的竞争，最根本的是人才的竞争。有了高素质的、具有主人翁意识的员工，酒店的发展就有了强大的动力。因此酒店在未来的经营管理中将会把员工的作用放在更加重要的位置。度假酒店管理者一方面关心员工，为员工的工作、生活、晋升、福利等方面创造较好的条件，使员工感到满意，只有满意的员工才能提供满意的服务。另一方面把员工作为一种具有建设性潜力的资源来进行开发、培养，为员工营造一个有利于发挥人才潜能的环境，把更大的权力和责任赋予员工，让员工更多地参与对工作效率及质量有影响的日常工作方面的决策。通过这种方式，使员工认识到自己也是管理者的一员，进而更好地发挥自己的自觉性、能动性和创造性。同时由于员工在工作一线与顾客接触最多，对酒店产品与服务的优缺点最为了解，因而员工参与决策，可使酒店能够对需求的变化作出更加快速、正确的反应。

课题 5

度假酒店员工将参与民主决策，并得到充分授权

度假酒店服务和管理的目标是使每一位客人满意，使每一位客人都能获得美好的度假经历，这是度假酒店创造利润的前提。

研究表明，一个不满意的客人会将他的经历告诉8~10个客人（如果通过"Internet"，则绝不止这个数字，而是成千上万

个潜在客人）；25%的客人将转向竞争对手那里去消费，购买
竞争对手的产品和服务。因此，21世纪的度假酒店将对员工进
行充分授权，以确保使每一位度假者满意。

海韵度假酒店员工活动

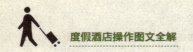

度假酒店经营保持多向稳步发展

随着度假酒店的不断增多和管理机制的愈加完善，多元化的经营模式和连锁经营的运营思路成为度假酒店的未来走向。

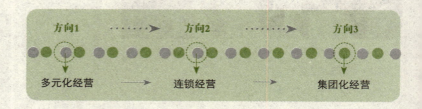

方向1

多元化经营

由于地区经济发展的不平衡规律和消费者的消费行为规律，多元化发展将是我国度假酒店的必然现象。多元化趋势主要表现在以下两个方面：一是从传统酒店服务项目发展到现代高科技服务等领域；二是经营领域的扩展，一业为主，多种经营。

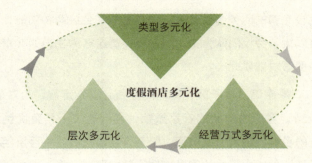

度假酒店多元化发展方向

（1）度假酒店类型的多元化

由于各地资源的差异和客人需求的多样化，我国度假酒店必然呈现多元化趋势。从未来的发展趋势来看，我国的度假酒店将向以下4个方向发展：

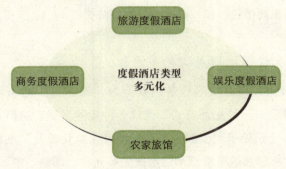

度假酒店类型的多元化

①旅游度假酒店：位于著名旅游度假区，具有独特度假资源

旅游度假酒店要具有水、绿、幽的特色，即有水的滋润、自然绿色的点缀以及闲适幽静的世外桃源感，如海滨度假、湖岸度假、温泉度假、沙漠绿洲度假、森林度假等。这类酒店应该说是真正意义上的度假酒店，但必须注重经营的时间性。如三亚可以说是一个适合建标准的海滨度假酒店的理想地区，而青岛尽管也具有很好的海滨资源，但因为气候等方面的原因，就不宜建真正意义的海滨度假酒店。

② 商务度假酒店：自然环境好并具备完善商务会议设施

这类度假酒店所处区域的自然环境好、距离城市较近，并

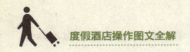
具有比较完善的商务会议设施，兼具度假和会议两种功能，周一到周五以接待会议团队为主，周末以接待游客为主，如北京城郊的一些度假村就属此类。

③ 农家旅馆：位于风光秀丽的乡村，以特定客源为对象

以特定客源为对象的农家旅馆，其一般位于具有优美的自然风光的乡村，经营方式灵活，服务亲切自然，价格经济实惠。如浙江浦江仙华山等地的家庭旅馆，其主要以上海、杭州等大城市的离退休职工为主要目标市场，特点是"享受清新的空气、观赏优美的自然风光，体验农家生活"。

④ 娱乐度假酒店：具备娱乐休闲的度假设施

以休闲、消遣设施为主，主要以满足人们娱乐为主的休闲度假设施。这类休闲度假设施以优美的环境为主要资源，以闲适的氛围为主要特色，如"农家乐"就属此类。

（2）度假酒店层次的多元化

度假作为高层次的旅游消费行为，遵循"少数人消费—大众化普及——种生活方式"这样一种规律发展。目前，我国的度假市场正处于"少数人消费"向"大众化普及"发展的阶段。与此相联系的是度假酒店层次的多元化，即高、中、低3个层次共同发展的局面。中高层次度假酒店主要是满足国外旅游

三亚天福源度假酒店

海南七仙瑶池雨林别墅

中山泉眼温泉旅游度假酒店

休闲度假旅游者以及国内中高层收入的休闲游客，而低层次是满足低收入人群。近年来农村旅游市场空间增大，更需要低层次的休闲度假设施。从发展趋势来看，随着我国有薪假期的进一步实施，面向工薪阶层的、普通家庭的度假酒店将会有较大的需求。

（3）度假酒店经营方式的多元化

度假酒店的经营方式

市场经济是自由经济，由于经济主体的多元化，必然带来经营方式的多元化。从发展趋势来看，我国度假酒店的经营主要有以下方式：

一是传统经营方式或叫常规经营方式，这类度假酒店是独立法人，酒店或自主经营或委托经营，实行独立核算，自负盈亏。这类经营方式占绝大多数，而且也依然是未来主要经营方式。

二是时权酒店。分时度假，又称为时权经营（Time Share）或时段所有权（Interval Ownership），是指以一定的价格将度假村的服务设施（如一定面积的房间、别墅等）在一定时间里的所有权出售给度假者的一种经营方式。这种经营方式对于度假酒店来说，既可以较快的收回投资，又可解决度假酒店设施的季节性闲置问题。

自20世纪70年代在旅游业引入时权经营理念以来，时权经营这种新颖的经营方式已在度假酒店等旅游目的地迅速发展起来了。从20世纪80年代到90年代初期，全球引入时权经营的旅游目的地增长了6倍，其销售量增长了3倍，销售额达40

亿美元。至2008年，**时权经营**的销售额已达300亿美元（来自RAGATZ1992年统计数据）。

进入21世纪，时权经营这种既受业主欢迎，又受度假者青睐的灵活新颖的经营方式将得到进一步的推广和发展。时权经营将成为21世纪旅游度假酒店经营的重要趋势之一。

案例

北京密云时权商旅酒店

北京密云时权商旅酒店是一家集商务、会议、旅游、度假、娱乐于一体的经济快捷型商旅酒店，位于密云县城商业繁华地带，周边有大中电器、中复电讯、物美大卖场、肯德基等，面对密云县委县政府，紧邻101国道，京承高速30分钟即可到达，是密云到其他旅游景点的最佳集散地。

餐饮服务

北京密云时权商旅酒店的餐饮装修格调高雅，各种美食名厨主理风味独特，菜式丰富多样，可满足商务宴请、朋友小酌、会议团体用餐，也可以满足旅游者品尝绿色田园果蔬的要求。多功能厅宽敞明亮，设备设施一流，可承接会议及各种庆典等活动，同时可容纳300多人就餐，满足宾客的多种要求。

会议服务

北京密云时权商旅酒店设有可同时容纳30～600人不等的大小会议室，会议室内声像设备齐全，满足商务客人的各种要求。经验丰富的员工，细致周到的服务，帮助客人轻松圆满地完成商务会议活动。

休闲娱乐服务

北京密云时权商旅酒店10000平方米檀州宫康体娱乐中心24小时开放。主要提供：保龄球、棋牌室、游泳池、洗浴、桑拿、按摩、SPA、足疗、健康检测、KTV、台球等。

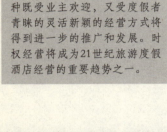
◉ 北京密云时权商旅酒店商务会议厅

◉ 北京密云时权商旅酒店设有中餐厅、风味餐厅等各式风格迥异的餐厅和多功能厅　　◉ 北京密云时权商旅酒店休闲娱乐服务

三是产权酒店。产权酒店以酒店的房间为单位，开发商将每间客房分割成独立产权（拥有产权证）分别出售给投资者，投资者一般都将客房委托酒店管理公司统一出租经营，以获取年度客房经营利润，同时投资者享有酒店管理公司赠送的一定时限的免费入住权。

国内产权式酒店类型

酒店类型	具体内容
消费类旅游房产	休闲度假消费类，如各类分时度假酒店物业
休闲度假住所	房产投资＋休闲度假，如各类休闲度假第二住所
商业经营型产权酒店	经营收益＋物业增值，如星级酒店、服务式公寓、经济型酒店、度假村等

四是休闲房产。休闲房产是房地产的一种经营理念，也是度假酒店未来的一种发展趋势。休闲房产是客人的第二住所，专供休闲度假使用。这类房产位于风景优美或者当地具有良好的气候环境的度假胜地，适合长时间度假旅游，这种经营方式主要为了满足老年市场和富裕阶层的度假需求。

方向2

连锁经营

度假酒店要求得发展，必然要走连锁经营之路，因为与单体经营相比，连锁经营具有许多的优势，所以，随着我国度假市场的发展，我国的度假酒店的连锁经营将是一个基本的趋势。度假酒店的连锁化发展，必须具有4个基本条件。

度假酒店连锁化的基本条件

基本条件	内容
有影响力的旗舰酒店和标志性酒店	旗舰酒店是由自己投资（或控股）、自己管理的样板酒店；标志性酒店是连锁经营的不同方式，如委托管理、租赁经营、品牌特许等的样板酒店，这都反映了该酒店集团品牌的影响力
科学的、可复制的服务标准和运行管理模式	这实际上是一个酒店集团的品牌复制能力，既关系到连锁经营的速度，又关系到该酒店集团的管理与服务水准的酒店的连锁经营，除了需要一套服务标准和运行管理模式外，还必须有强大的运行控制能力，即一个专业化的职能管理平台

续 表

基本条件	内容
理想的酒店区域布局	连锁经营必须有理想的地区分布，必须在欲发展的地区享有较高的知名度和美誉度。全国性的度假酒店品牌必须在全国主要旅游度假地区有连锁度假酒店；国际性的度假酒店品牌则必须在全球有代表性的国家和地区拥有自己的连锁度假酒店
强大的业务支撑网络	如信息网络、客源网络、采供网络、人才网络等，这是酒店连锁经营发挥管理和规模的必要保证

海南21度假连锁——中国领先度假模式的倡导者

海南21度假连锁——中国最大的度假酒店连锁运营机构之一，中国领先度假模式的倡导者。秉承"领航中国高端度假，精筑五星品质生活"的企业理念，2010年开创性地推出十年度假计划这一风靡欧美、填补国内空白的旅游度假产品。

21度假连锁十年度假计划于2010年海南国际旅游岛元年全面启航，并将充分倡导21世纪全新的度假理念，引领中国度假消费新方向。未来几年内，21度假连锁将以海南为基地，建设10家以上五星级酒店，并计划在昆明、青岛、安徽黄山、哈尔滨等全国各地战略布局，真正实现"五星连锁，度假中国"蓝图，打造中国的度假连锁顶级品牌。

21度假连锁酒店不接受加盟店，没有外聘国外一流的管理团队，而是自己组织优秀的管理团队对旗下酒店统一管理，制定统一的标准，从而确保每一位持卡人都是21度假连锁的尊贵会员，在旗下任何一家酒店都可以享受到同样标准的服务。

方向3

集团化经营

随着21世纪世界经济国际化的发展，各国都在不断减少和消除各种有形的和无形的经济壁垒。就旅游业而言，越来越多的国家为了促进旅游业的发展，将允许和鼓励国际度假村集团和公司在本国以合资、独资等多种形式开办旅游度假酒店，从事度假村和度假酒店的经营活动，因此，旅游的经营将走向集团化、国际化，旅游度假酒店业的竞争将进一步加剧。为了对付日益激烈的竞争，旅游度假酒店企业将通过联合、合并或吞并等多种形式走集团化、国际化道路，以便增强实力、降低成本、促进销售。

由于度假酒店自身的产品特点和所适宜的销售模式，度假酒店的集团化发展，首先选择以网络技术、电子商务为平台，组织同行业成员单位共同构建集团化公司为好，这有利于增强集团科学化、规范化，充分调动员工积极性，推进成员单位个体的营销能力。其次，度假酒店集团化后，成员单位互相之间形成了战略联盟，它一方面有利于构建有效的监督机制，建立一个公平、公正、透明的经营环境；另一方面又能实施网络化经营，从而使集团公司形成规模化效应，大幅度地提升集团公司的社会、经济效益，而且可以将旅游者吸引为整个集团的长期客户。所以度假酒店与其他类型酒店一样，经营管理的集团化是大势所趋。

案例 里茨·卡尔顿——豪华的集团化酒店

里茨·卡尔顿酒店管理公司是一家闻名世界的酒店管理公司，其主要业务是在全世界开发与经营豪华酒店。总部设在美国亚特兰大。

里茨·卡尔顿公司的创始人凯撒·里茨被称为世界豪华酒店之父。他于1898年6月与具有"厨师之王，王之厨师"美誉的August Ausgofier一起创立了巴黎里茨酒店，开创了豪华酒店经营之先河，其豪华的设施、精致而正宗的法餐，以及优雅的上流社会服务方式，将整个欧洲带入到一个新的酒店发展时期。随后于1902年在法国创立了里茨·卡尔顿发展公司，由它负责里茨·卡尔顿酒店特许经营权的销售业务，后被美国人购买。

与其他的国际性酒店管理公司相比，里茨·卡尔顿酒店管理公司虽然规模不大，但是它管理的酒店却以最完美的服务、最奢华的设施、最精美的饮食与最高档的价格成了酒店之中的精品。

里茨·卡尔顿酒店的成功与其服务理念和全面质量管理系统密不可分。里茨·卡尔顿酒店的服务理念来源于这个品牌的创始人凯撒的思想。里茨先生，引入他的服务理念对美国豪华酒店的发展提供了一整套新的观念。今天，"里茨"已经成为豪华和完美的代名词。在《新英汉词典》中，它的中文注释是：极其时髦的，非常豪华的。

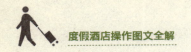
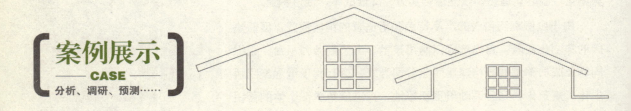

福建冠豸山温泉度假村经营管理计划书

▶ 项目介绍

项目位于龙岩市连城县城文亨乡文保村，紧临205国道，距离县城约10千米，距冠豸山风景区10千米，距冠豸山机场5千米，距火车站25千米，交通便捷，区位优越。

▶ 整体规划

整个度假村占地面积约23.5公顷，由温泉酒店（餐饮及会务中心、接待中心、酒店客房、国宾楼）、温泉泡池区、独立式住宅3部分组成，3大部分由一条弧形道路相串联，形成有机整体并与外界相连。

冠豸山温泉度假村系福建省冠豸山旅游发展有限公司投资兴建，拟建成五星级酒店及温泉度假村。项目计划总投资为2.45亿元人民币，共分二期建设，一期投资为1.65亿元，规划用地面积为138069平方米，建筑面积为39570平方米；二期投资为0.8亿元，规划用地面积为100000平方米，建筑面积为80000平方米。截至2009年3月31日已完成投资额6380万元，项目建设周期为3年。福建省冠豸山旅游发展有限公司注册资金5000万元人民币，由厦门市华荣泰实业有限公司、韦百金共同发起成立，已位列2007年、2008年、2009年福建省重点建设项目。

● 国家重点风景名胜区冠豸山

1. 冠豸山温泉度假村具备成为"原乡"的因素

首先是区位，其毗邻国家重点风景名胜区冠豸山，靠近福建省四机场之一的冠豸山机场。具备有快速抵达的飞跃要素，及其四通八达的交通优势。

其次湖山彼此呼应，是冠豸山温泉度假村最出彩的标签。山水是稀缺的，尤其针对城市里的精英而言，而这，正是冠豸山温泉度假村的价值。依势而生的山水，便是财富。

2. 冠豸山温泉旅游度假村欲打造成为和谐循环型地产

2009—2018年10年间，生命经济产业集群的基础发展模型为"和谐循环型地产10大产品组合"，基本涵盖"生命起源、生命教育、生命形态、生命提升、生命归属"5大系统产业领域的地产基本产品组合，并将与中国"北京小汤山、福建武夷山、福建厦门、福建平潭岛、福建连城"初步完成"生命经济产业集群的基础发展模型"。其包括"教育、酒店、休闲、旅游、娱乐、高尔夫、温泉、别墅、疗养、信仰"等10大产品，冠豸山温泉旅游度假村将要运作的就是生命经济产业的集群种类，即和谐循环型地产。

3. 精准把握冠豸山温泉旅游度假村3大客源

冠豸山温泉旅游度假村3大客源

（1）自然消费群

独特的区位优势，使得酒店在营运中辐射的客户消费群体增加。温泉度假酒店的自驾游群体，理论上可辐射半径在2小时内车程的消费圈，因此酒店的前期理论客户群可锁定在：龙岩地区周边县市、漳州、厦门、泉州、三明、永安、武平等；随着度假酒店项目的配套逐渐完善，可延伸至3小时内车程的消费圈。采取逐步扩大"消费圈"的目的是，在夯实酒店自然经营管理的同时，稳定住相对固定的消费群体，从而提高对外的知名度。

冠豸山绮丽风景

157

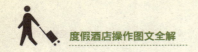

（2）旅行社消费群

温泉度假酒店毗邻冠豸山风景区仅10千米，因而酒店可通过自身或省、市、县旅游局合作的方式，开发出与冠豸山风景区"串线"的旅游模式，形成旅游产业链，打造出"日游冠豸山、夜宿温泉村"的原生态旅游线路。

（3）高端消费或养生消费群

温泉度假本身就有着休闲、疗养、养生之功能，销售策划部门应紧密地把握市场衍生规律，适时地推出主题消费活动，如"温泉相伴夕阳红""养生特色温泉周""泡温泉、赏明月"等，既利用度假酒店特有的幽美环境，又可提高社会的美誉度。

4. 突出度假特点设置功能布局

餐饮及会务中心建筑面积9864平方米。温泉度假酒店的餐饮应有别于城市喧闹着的商务酒店，其经营重点应突出"度假"的主题，餐饮应考虑出"特"和"原生态"。随着社会的不断进步，消费者在选择饮食时，更在乎合理的膳食搭配、均衡营养、养生养颜等，将饮食与保健紧密地联系起来。酒店在考虑餐饮经营定位时，应突出以当地的特色原材料为基础的菜肴开发，当然，高星级酒店的高档菜肴或菜系也是必须考虑的，只是侧重的比例各有不同。会务中心的规模要与其配套的住宿接待成正比，而会务的安排、接待除按高星级的标准流程执行外，可考虑为会务组增设特色"小礼品"（可参考销售或赠送的方式），使之加深参会人员对温泉度假酒店的"印象"，无形间成为酒店的"销售代表"。

酒店客房建筑面积5513平方米。温泉度假酒店的客房物品陈设、布局应尽量烘托出"家"的氛围，在条件允许的情况下，可将温泉水引入部分客房中（其房价自然与普通的客房形成差异），彰显"宿客房、享温泉"的特色。同时可开发部分"生态客房"（原木的地板、门窗、无污染及无放射隐患的内墙涂料，对电磁波完全屏蔽——无电视和手机信号，也无其他电器），以现代科技手段制造一级空气，如纯氧的吹入、负氧离子发生器，为客人提供大量的负氧离子。

温泉汤池区由20栋木屋、3栋商务木屋、唐宫石板廊、草廊、情侣池、加料泉、水疗、游泳池、温差池等组成。温泉泡池区应尽量考虑突出形态各异的同时，用绿植烘托出相对的私密性，而绿植的选定应避免千篇一律，应根据区域不同而种植的花、草、树、木也不尽相同，汤池的命名也应根据环境而生，而非胡乱编造。

细化功能分局的相关建议

建议	内容
建议1	可在离客房、温泉汤池区都相对不远的地方，开辟并规划出健身娱乐区，满足客人晨起时的锻炼或泡汤间隙的健身要求
建议2	增设拓展训练场（该场地可利用地势相对偏，且利用价值低或暂时闲置的地方）。随着日常工作日益繁忙紧张，人与人之间的沟通越来越少，很多企业都考虑让内部中高层参加野外生存、团队凝聚力的拓展训练，增设此项目，会产生"低投入、高产出"的效果

续 表

建议	内容
建议3	在温泉汤池区重点考虑SPA和桑拿的经营重点。在经营此项目时，可考虑与国际知名的温泉护肤品牌（如赛西莉雅）合作，使之"强强合作"，打造更专业的温泉SPA
建议4	温泉煮蛋、温泉特色鱼池、花瓣浴、儿童乐园等传统特色消费项目是必不可少的
建议5	提炼出温泉度假酒店的"特"。如广东古兜温泉度假村的主题特色就包含8个功能，即"玉泉"、"玉驿"、"玉府"、"玉居"、"玉苑"、"玉店"、"玉史"和"玉服"

5. 突出文化主题，把握市场定位，制定销售策略

策略1：确立温泉文化

如今无论是酒店评论，抑或是酒、茶、饮料，都大打"文化牌"。但凡成功的企业，都有着其特殊的企业文化，此文化既渗透于日常的经营管理中，也要求无形地植入员工、管理者、宾客之中去，销售者带着文化去销售，远远比独立的做产品销售而更有"谈资"和"说服力"。

策略2：合理的市场定位

市场定位是市场营销策略的前提，无论是广告宣传，还是公共关系和促销活动都必须以市场定位为依据，才能提高营销效果。可根据温泉度假酒店的产品和服务的特色、产品与服务的用途以及酒店特有的竞争优势来定位，应突出以"原生态"、"健康"为核心。

策略3：设定销售重点

经营酒店切忌盲目的要求所有人都是酒店的"消费者"概念。酒店销售和其他销售一样，也设定销售目标，逐步地向目标推进、靠扰。而营销策略也一样，根据先近后远、先小后大、先国内后国际的原则，采取稳扎稳打的方式（此点可借鉴厦门日月谷温泉酒店的销售经营模式），逐步在消费者聚集城市设立销售联络点（办事处），加大宣传力度，做到有目的性地宣传。

策略4：狠抓会议市场

销售代表应在把控连城县、龙岩地区的政府机构会议外，还要跟进周边公司股东大会、推销员会议、集团公司培训会、公司的奖励旅游等，逐步的扩大到省市的旅游行业大会、地方性或全国性的学术会议等。此类会议既可产生经济效益，又能提高温泉度假酒店的对外影响力和知名度。

策略5：紧密联系旅游社团

销售代表要与分区的旅游社团有着紧密的联系，及时地掌握旅游社团反馈的讯息，加以沉淀与过滤后，及时地分析并报告，使温泉酒店管理层做出符合市场需求、切合实际的销售战略方针。在此方面，温泉度假酒店有着先天的优势，即可借助于冠豸山景区现有的旅游社团资源而逐步外拓。中间商营销渠道的联合和景点连线促销应予开拓，这样才能尽快促进发展。充分利用周边旅游资源主动设计旅游套餐线路与旅行社进行合作。

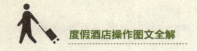

策略6：制订会议及旅游奖励计划

制订出会议的包价手册、拟订旅游奖励计划，将其相对资料对省内、国内知名旅行社或旅游组织进行宣传、推广。

策略7：整合旅游度假产品

产品设置是温泉度假村成功的关键，在区域、相关资源优势满足的情况下，根据市场，设计差异化、人性化产品是项目开发必须斟酌的前提(如国际风情区和VIP别墅等中高端产品)。围绕温泉度假的产品进行各类活动组合和包装，着重突出生态性、健康性、参与性和娱乐性，同时根据不同的节庆和促销活动相应推出套餐组合，采用不同的项目组合方式，推出供不同需求客人选择的多项产品，如单身度假、家庭度假、蜜月度假、周末度假、特殊兴趣度假、二日游或三日游等。

策略8：实时促销

注重高品位、高层次的品牌推广和常规产品促销相结合，做到品牌推广和销售收入双丰收。强调系统营销，把握营业与销售整体配合的原则。在每一项活动的各个阶段，都强调与各个相关部门的协调与合作。

——注重旺季促销和淡季淡时促销，努力致力于平衡销售，达到最佳产品利用效益；

——突出满足个性化消费特征，着重围绕不同时期节庆的目标客源市场进行；

——在各类活动开展时，坚持活动的可行性、可操作性和低成本投入，同时顾及开业初期的项目运营、产品成型、服务成型等逐步完善的因素；

——在开展各类推广和促销活动的同时，注重将常规产品组合活动形式，逐步转化成为温泉度假村品牌活动的组成部分，将一些成型的活动方式分别搭配，反复组合；

——根据市场活动，寻求一切可利用的机会点，抓住如演艺娱乐、消费潮流、重大事件等，穿插进行。

第五章
05

客户市场挖掘：
度假酒店在目的对象的选择上，经常会考虑为特定游客群服务的定制化程度，度假酒店可以通过调整资源配置、发掘新的服务产品，使游客具有赢利性
客户资源保存：
关键性的流失是由于游客感到从企业中得到的服务的价值是低劣的不满意的，游客一旦断绝与酒店的交易关系，将带走一大笔酒店的未来利润

度假酒店客户关系管理和服务

随着国民经济的增长、闲暇时间的增多以及国民对于生活质量的追求，我国旅游业正从单一的观光旅游向观光、休闲、度假旅游相结合的趋势发展，尤其在沿海地区，随着经济的发展和居民旅游消费需求的升级，出现了周末郊区度假游、长假国外游的旅游热潮，休闲度假正逐步成为人们生活中的一种新型需求。正是为了满足人们日益增长的度假需求，度假酒店也就得到了迅速的发展。

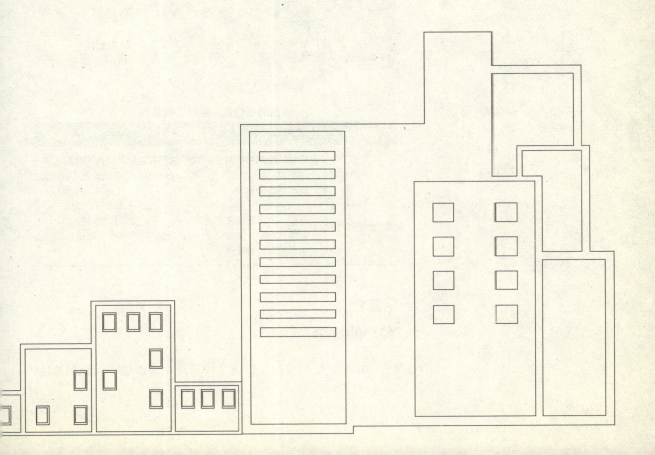

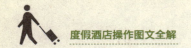

度假酒店的客户细分和客户选择

目前世界各国不同人群的销费需求各不相同，如德国游客比较亲自然；英国人很怀旧；日本人最讲卫生、安全。而国内3大客源地消费者的特点是：北京人更注重体验、参与，文化品位高，喜欢随意、国际化理念的度假方式；上海人则较实际，对产品性价比要求高；广州人享受型居多，对服务质量要求高。所以面对什么市场、什么客人一定要清楚，要把一个市场做足、做到极致，要面面俱到。

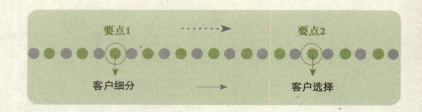

度假酒店业发展标志性事件

时间	事件及意义
1995年	我国的度假消费始于1995年实行双休制后的周末度假。由于国家对"3大节日"的调整，在一定程度上又促进了我国度假市场的发展
20世纪90年代后期	以前，入境旅游主要是京、西、沪、桂、广5条线。20世纪90年代后期，以京、沪、江、浙、广为中心，形成以口岸为中心的周边游特点

要点 1

客户的细分

中国加入WTO后，外国公司抢滩中国市场，大量到来的外国公民必将沿袭其传统的生活方式，度假旅游是其必然选择；众多进入外企业白领阶层的中国人，也必然成为这支旅游度假大军中的一员；加之中国一部分先富起来的人，已形成中产阶级，度假成为生活时尚。

美国研究者认为，基于实际行为的市场细分能更好地反映出市场，因此，人们认定的3大主要细分市场为：

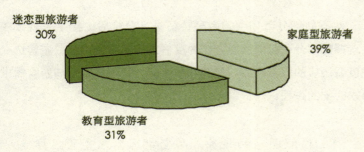

迷恋型旅游者
30%

家庭型旅游者
39%

教育型旅游者
31%

度假酒店3大主要细分市场

（1）家庭型旅游者

这一类型的旅游者约占39%，他们偏好寻求熟悉的环境，愿意去对孩子有益处的地方、朋友和家庭居住的地方、景点、能得到休息和放松的地方、居民很友好的地方，他们并不在意度假地是否为众人所知。

（2）教育型旅游者

这一类型的旅游者约占31%，他们愿意投入到文化活动中，如参观博物馆、画廊、歌剧院和戏院，旅游地中的2/3是他们了解的人以前去过的地方、有可观看和可参与的活动的地方、著名城市、可享受美食的地方、可提供多种住宿档次的地方，他们对休息、放松、是否有热情的居民、犯罪、交通拥挤、干净的空气和花销等并不在意。

（3）迷恋型旅游者

这一类型的旅游者约占30%，他们喜欢参加娱乐活动和体

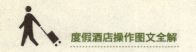

育运动，享受繁华的夜生活和精美的膳食，在意是否有良好的沙滩、舒适的日光浴和晴朗的天气，但他们并不在意能否参加文化活动、度假地是否靠近亲朋好友、是否提供娱乐公园等。

要点 2

客户的选择

对不同细分市场中的游客特征进行分析后，接下来就要决定选择哪部分有价值的游客作为度假酒店的服务目标。游客选择是度假酒店的服务产品、资源和服务能力、酒店定位与游客需求寻求匹配的过程。

（1）度假酒店的服务产品与游客需求是否匹配

游客的需求越来越趋于多样化，游客的需求也就需要因人而异。游客来到度假酒店，除了必需的基本要求，如吃、住外，还会有其他要求，如泡温泉、打球、学习餐饮、参加娱乐活动时的安全感。每位游客都有理由认为自己与众不同，应得到适合自己的服务，而有经验的游客还会将他们住过的多家度假酒店进行对比。

因此，度假酒店有必要为游客考虑这样一个问题：度假酒店的服务产品是否符合游客的本能需要与期望，或者游客花费时间、金钱和精力来度假酒店的真正目的是什么？

通过参与体育、娱乐、保健等活动消除工作造成的压抑与疲劳，获得身体的康复与放松，满足身心充分解放和不断追求尽善尽美的人生的需要，成为今天度假游客追求的主要利益。一些公司人员认为在放松的环境里，如度假酒店，谈工作、举行会议等会取得更好的效果，花钱值得，所以，度假酒店要有良好的会议设施、电子设备和餐饮设施。

如果度假酒店能够建设一个包括游客姓名、地址和服务要求等方面的数据库，那么确立目标市场和给予游客需求或价值期望特别的关注便有了依据，其意义不仅在于使度假酒店保证现有客源主体，还在于能够开发新客源并吸引回头客。

深圳御林高尔夫酒店寓所高尔夫场　　　　　　　温泉酒店夜景

（2）度假酒店的资源和服务能力与游客需求是否匹配

在市场经济条件下，一切旅游资源都具有稀缺特征，资源约束使任何度假目的地都不具备为所有游客的需求或价值期望提供度假服务的能力。一般来说，如果旅游度假目的地有雄厚的或独特的资源优势，则可以选择多个细分群，或者为某一细分群提供全面服务；如果资源有限，则只能选择一个或少数细分群，或为多个细分群提供某一方面的服务。

度假酒店在目标对象的选择上，经常会考虑为特定游客群服务的定制化程度。特定游客群对服务定制化要求越高，为此类游客服务的赢利空间也越大，其他度假酒店进入竞争的障碍也越多，但服务的难度也越大；反之，游客对服务定制化要求越低，度假酒店满足其需求可以采用标准化方式，但可能面对的竞争挑战也越大。如果度假酒店无法为目标游客提供良好的服务，无法满足目标游客的需求，则应尽快提高为游客服务的能力，或另选其他细分市场作为服务对象。

（3）度假酒店的定位与游客需求是否匹配

游客对度假酒店的期望莫过于使每个人都有"一种特别体验"，但如何才能使一个度假酒店不同于其他度假酒店在具体策略过程中，以下信息对有效的特色定位至关重要：

①基于目标市场游客的需求及其需求的利益的相关信息；

②度假酒店的机遇（Opportunities）和挑战（Threats）；

③度假酒店的优势（Strengths）和劣势（Weaknesses）；

④竞争者的优势和劣势；

⑤游客对度假酒店和其他竞争者的比较认知。

呢？为什么游客要来这家度假酒店而不是其他度假酒店呢？目前，国内一些度假酒店似乎都会寻找唯一的、独特的卖点，或者把那些区别于其他竞争对手的东西当做优势，但实际效果不尽如人意。问题的关键在于识别目标市场想从度假酒店得到什么利益。

在度假旅游业中，SWOT分析也是战略规划的一种管理工具，但由于SWOT分析在实际运用中存在一定的缺点，如对产品的分析太宽泛，且容易受到管理者主观偏见的影响。于是，一些旅游学者开始寻求综合分析的方法，Beeho和Prentice提出的ASEB矩阵分析法就值得度假酒店经营管理者思考与借鉴。ASEB矩阵分析是SWOT分析与ASEB需求层级相结合的派生物，横轴为需求的4个层级，纵轴为SWOT的4个方面。通过ASEB矩阵分析，经营者可以十分清晰地了解酒店在满足游客需求4个层级的各方面所存在的优势、劣势以及机遇和挑战。

ASEB矩阵分析

因素分析	活动 （Activities）	背景 （Settings）	体验 （Experiences）	收益 （Benefits）
优势 （Strengths）	SA	SS	SE	SB
劣势 （Weaknesses）	WA	WS	WE	WB
机遇 （Opportunities）	OA	OS	OE	OB
挑战 （Threats）	TA	TS	TE	TB

（4）度假酒店对所有游客是否都具吸引力

度假酒店满足游客需求的最终目的是为了获得利润，实现度假酒店自身的时续发展。度假酒店在确定目标市场时，往往会根据地理位置、游客消费行为等对市场进行细分，这固然是需要的，但根据威廉·谢登的80/20/30法则，顶部20%的顾客创造了公司80%的利润，然而，其中的一半被底部30%的非赢利顾客丧失掉了。对企业来说，不是所有的顾客都同等重要，企业应该对所有"不同类型"的顾客进行成本和利益分析，从而确定需要巩固的对象。

　　通常，区分顾客群最重要的变量是消费行为，营销人员可从顾客数据库中发掘刺激顾客消费的要素，企业识别顾客赢利能力的3个要素包括最近一次消费（Recency）、购买频率（Frequency）和购买金额（Monetary）。企业结合RFM分析，发掘最有赢利价值的顾客群体，因而，就赢利能力而言，并非所有游客对度假酒店都有吸引力。为了提高赢利能力，度假酒店有必要对游客作进一步的 赢利细分。

　　如果在一个度假酒店生命周期内，游客群体的终身价值是负数，则该游客市场不应作为目标市场。所谓游客终身价值，就是指在有效生命周期内，游客可能为度假酒店带来的净利润。

即该细分市场每年可为度假酒店创造多少收入，这一收入水平与投入的成本相比是否有利可图？细分能否帮助度假酒店实现目标？是否是短期的权宜之计？从中长期来看又如何？

识别顾客赢利能力的3个要素

| 最近一次消费（Recency） | 购买频率（Frequency） | 购买金额（Monetary） |

识别顾客赢利能力的要素

　　对度假酒店来说，游客赢利性分析主要是从研究游客数量变化和相应的销售额、利润额变化情况的分析，得出不同游客对实现酒店经营目标的重要程度。在进行游客赢利重要性分析时，必须注意度假酒店的经营方向和游客状况都是动态变化的，游客的赢利性也是相应发生变化的。在分析游客赢利性时，既要考虑到当前的情况，又要关注游客的长期赢利能力，即从游客终身价值出发来分析游客的潜在赢利性，开发并保持有利可图的游客作为目标游客。之所以要开发潜在赢利性游客，是因为有的游客当前可能并不具备赢利性，但不久的将来，游客就可能会具有足以弥补之前造成的暂时性亏损并带来巨大利润的潜力，或是因为度假酒店目前的服务产品并不足以

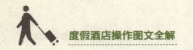

使游客为度假酒店带来利润，但度假酒店可以通过调整资源配置、发掘新的服务产品，使游客具有赢利性。

沉浸于舒适与宁静之中的游客在三亚凯莱度假酒店能尽情享受到海南岛远离尘世喧嚣的纯静之美。徘徊在这温暖舒适的亚龙湾，宾客可以在自己的世界里得到完全的放松

度假酒店的客户服务交互管理

在体验经济时代，"体验"在社会经济生活的众多领域成为"商品"，而人们又愿意为"体验"付费。由此可见，在体验经济的背景下，度假酒店的服务能否赢得客人的高度认可，关键是能否带给客人独特而美好的体验。

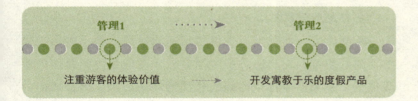

管理1	管理2
注重游客的体验价值	开发寓教于乐的度假产品

管理1

体验价值是客人价值的重中之重

自20世纪90年代开始，客人价值概念已成为西方市场营销学者和企业经理人员关注的重点。度假酒店是为客人创造度假体验的企业，客人价值的高低主要取决于度假酒店的服务能否给其创造一种难忘而美好的个性体验。什么是体验？站在体验感受者的角度来看，体验是一个过程，其结果就是一段回忆，对于体验感受者来说体验的过程是"行"，而体验的结果是"知"，这正是体验最本质的表现。度假产品应该是一个体验产品，必须达到以下4个要求：

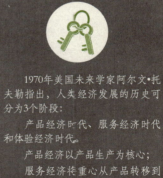

1970年美国未来学家阿尔文·托夫勒指出，人类经济发展的历史可分为3个阶段：

产品经济时代、服务经济时代和体验经济时代。

产品经济以产品生产为核心；

服务经济将重心从产品转移到服务；

体验经济则以体验作为取胜的法宝。

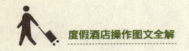
体验产品需要满足的4个要求

深刻性 （难忘性）	个体性 （参与性）	价值性	体验环境的依托性
即体验过程中充满新奇，让客人记忆深刻、难以忘记	即体验是内化的，对每一个客人来说是各种因素和客人自身参与互动的结果，具有差异性和不可复制性	即体验对体验者来说具有价值，换句话说，一个成功的体验产品能够带给体验者正面的价值	即建立体验环境为体验提供体验平台，离开了体验环境体验则是"无水之鱼"、"无林之鸟"

（1）度假的体验是客人度假体验价值的基础

不管是哪个层次的客人，其度假的基本目的是为了追求一种自由自在、充满情趣的生活。为此，度假酒店必须满足其这种基本的度假体验。为此，度假酒店必须特别关注以下 3 个方面：

① 创造度假氛围

所谓休闲，简单地说，就是闲适的休息，是一种自由轻松、随心所欲、没有压力的生活方式。度假是休闲具体的表现形式，是休闲中占用时间较长的活动。所以，度假酒店的 **体验环境** 必须从设施设备到员工举止都凸显度假感，让客人进入酒店能够很快融入，尽情地放松。

② 提供度假的活动设施

度假酒店与一般的商务酒店最大的区别在于客人的住店的诉求点不同，前者客人的主要目的是为了休闲娱乐度假，后者客人的主要目的是为了住宿。这就要求度假酒店具备富有特色的活动设施。从客人体验的角度来讲，这些设施应包括娱乐的（如表演）、审美的（如景观）、教育的（如展观）、遁世的（如参与）活动设施。对此，度假酒店不仅要注重酒店自身的设施和活动的设计，还应该在不同程度上直接参与或影响饭店所在区域的度假地规划与建设。

> 度假酒店必须注重营造自然、温馨、舒适的度假氛围，让环境中弥漫着一种休闲和安逸的氛围，足够缓解客人的压力，使之从平时紧张的工作气氛中逃离出来。

地中海俱乐部（CLUB MED）

地中海俱乐部，不仅是一个旅游住宿设施的经营者，还是关注生活品质的"人居环境"的构建者。正是在更大范围内的度假地的规划参与过程中，它创造性地营建了一个自然环境友好，原住民和谐共存，从而更加适宜度假旅游者休闲的场所。

完美的体验需要一些有形的证据，所以酒店可以开发独特商品、纪念品或者为体验者提供一些照片等，以便让体验者日后能够"睹物忆往"。

③ 构建度假的服务体系

度假酒店与一般商务酒店服务上也存在差异。商务酒店的服务很正式，员工的服装、行为均很职业化；而度假酒店的服务较为轻松自然，给客人很休闲的感觉。度假酒店应该根据客人的度假需求，设计相应的度假服务体系，带给客人舒适的服务。

（2）注重客人的情感体验

社会的发展一方面带来了经济的繁荣，人们物质生活水平的提高；另一方面，导致了人与人之间的情感危机。竞争的加剧使得人们很难脱离利益的纷争去感受人与人间最真实的情感和思想，紧张的工作也使得家庭相聚的时间变得越来越少。人之所以为人，是因为人有情，未来社会必然是一个情感消费的时代，在工作中被忽视的情感需要找到一个补充的途径。所以，度假酒店必须特别注重客人的情感体验，满足客人的情感需求。

① 关注客人——了解客人情感需求

要为客人提供情感化的服务，首先应分析客人情感世界，对客人情感需求进行调查。在调查的基础上，为客人设计出客人期望的情感产品，从而为客人带来美好的度假体验。

② 提高客人参与程度——构建情感消费平台

体验是个体性的，只有通过体验者的亲身参与，才能转换为内在的个人回忆。度假酒店与一般的商务酒店最大的区别在于客人住店的诉求点不同，前者客人主要目的是为了休闲娱乐

凯莱度假酒店注重游客的参与性

171

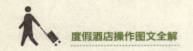

度假，后者客人主要目的是为了住宿或商务活动。这就要求度假必须拥有富有特色的参与性活动，同时应该具有轻松、有趣或者耐人寻味的特点。

③ 充分利用客史档案——读懂客人情感诉求

客史档案是为客人提供连续差异的酒店产品的前提。通过建立客史档案，能更好地满足客人情感需求，与客人建立良好的关系，赢得客人的满意与忠诚。

④ 增进客人情感关联——强化客人情感体验效果

酒店应该增进与客人情感关联，对客人情感感受跟踪调查。这样既可以了解酒店产品的不足之处，为酒店产品改进指明方向，又能体现酒店的人文关怀精神，在客人心目中树立良好的口碑，起到一定的宣传作用。

⑤ 构建高效的客人情感补救体系——消除客人情感体验瑕疵

通过采取一定的措施，如慰问、道歉、折扣、优惠券等对客人情感体验差错进行补救，让客人的不满及时得到补偿和宣泄。

管理2

开发寓教于乐的度假产品

21世纪是知识经济时代，知识经济的到来给度假酒店经营提出了新的要求，真正具有独特竞争优势，能赢得客人追捧的酒店产品，除了能满足客人放松和享受的要求外，还能够满足客人对于知识的渴求，使得休闲度假与学习工作两不误，达到双赢的目的。为此，度假酒店应该注重知识性活动项目的开发，如有趣味性的拓展项目和培训项目等。

这些项目寓教于乐，一方面可以使客人的体力得以恢复，精神更加饱满；另一方面通过丰富的休闲度假拓展项目，能够开阔客人的眼界，锻炼客人的技能技巧，为其智力注入新的活力。在此，尤其要注意针对儿童开发相应的益智活动。

外国小游客在万豪酒店享受阳光

如何实现度假酒店游客的零流失

度假酒店市场竞争激烈，客户流失严重，要实现客户的零流失需要寻找客户流失的根本原因，对症下药，进行客户管理，并认真处理客户投诉。

举措1	举措2	举措3
了解客户流失原因	客户流失管理	如何应对客户投诉

举措1

客户流失出现的原因

在旅游市场中，游客可以从初次购买某企业度假产品发展为该企业的短期游客，进而可以发展为长期游客，当然游客也可能在这一过程中的任何时候因为某种不满而成为该企业的"流失"游客。游客流失可分为3类：

（1）因价值而流失（Value Turn off）

关键性的流失是由于游客感到从企业中得到的服务的价值是低劣的。

（2）因系统而流失（System Turn off）

系统是"把有形产品和服务传递给游客的过程、步骤或政策"，是把价值传达给游客的方式。防范因系统而造成游客流

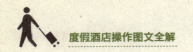

失是管理者的职责，系统的改变需要经济支出，如新的场所、新的管理模式、员工队伍的扩大、培训的增加、投递服务工作的调整等。当然，非管理层的员工也应该参与系统变化的建议和决策。

（3）因人员而流失（People Turn off）

因人员而造成的游客流失常常缘于沟通方面的问题。不能用书面语言和非书面语言进行有效沟通的员工，很容易引起游客的愤怒。常见的因人员造成的游客流失的例子包括：对游客没有问候或微笑；传递不准确的信息或缺乏应有的知识；与其他员工聊天或接打电话，以致忽略游客；鲁莽或漠不关心的态度；高强度的硬性销售；不得体、不卫生的外表和装饰（既指员工，也包括工作场所）；让游客感到不快的语言沟通等。

举措 2

游客流失管理

度假酒店纯粹是为了取悦用户才建造的建筑物。但是，一座建筑物无论多美却并非是人们前往度假酒店的原因。没有优质服务的度假酒店建筑，无论其构思和设计多么引人入胜，都无法取悦于游客。游客是度假酒店的中心，最成功的度假酒店是那些牢记以人为本理念的酒店，即以以人为本的服务，吸引游客反复惠顾。

三亚海悦湾度假酒店大堂服务

不满意的游客一旦断绝与酒店的交易关系，将带走一大笔酒店的未来利润。而且，如果不满意的游客把对酒店的坏印象告诉其他人，将进一步增加损害酒店未来利润总量的危险性。尽管游客流失困扰着酒店，但流失还是可以管理的。"流失管理的重点是在顾客流失前留住他们，并在顾客确实流失时确定流失的原因"。流失管理的关键是要在度假酒店内创造一种"零流失"的文化，并针对服务失误进行有效的补救，使游客实现第二次满意。

（1）流失管理的关键：创造"零流失"文化

为了达到这个主要目标，酒店在流失管理的第一步是让员工了解留住游客的重要性，以及从减少流失率中可得到的利益。向员工传达的"零流失"目标从最高管理层到各个管理层都必须有支持者。上层管理人员要做出榜样，经理们要做到"言必行"。通常，现场走访是了解游客需求最重要的途径。管理上层经常到各服务点上直接同游客和员工交谈，以获取第一手资料，体会游客的真实需求。同时，一旦发现服务系统运作有误，可以及时加以纠正。

创造"零流失"文化的第二步是对员工进行流失管理的培训。流失管理包括：

内容1：收集游客信息，通过与游客的反复接触，全面了解游客，深度洞悉游客对于服务的价值感知；

内容2：根据游客信息向员工发出特定指令；

内容3：指示员工如何对信息作出响应；

内容4：鼓励员工及时对信息作出响应。

流失管理的第三步，也许是最重要的一步，是把激励与流失率挂钩。简单地说，就是给予努力留住游客的员工以奖励。

第四步，度假酒店要认真考虑建立一个防止游客流失的转换障碍。成功地实施转换障碍的关键是开发低的进入障碍以及非操纵性的高退出障碍。通常，服务提供者与游客建立密切的关系后，在为游客创造卓越的游客体验的同时，也提高了游客的转换成本，游客的这种转换成本不一定是货币，还包括时间、精力和体力等。

（2）服务补救：实现游客第二次满意

对服务失误进行有效的补救，是度假酒店减少游客流失、进一步满足游客度假需求的重要手段。在度假酒店，服务失误

要点提示

在度假酒店，流失管理的关键是要在酒店内创造一种"零流失"文化。酒店内的每个员工都必须明白，"零流失"是组织的主要目标。

175

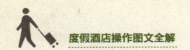
一般可以分为4个主要的类型：

——员工对核心服务的反应失误，例如，服务速度缓慢、紧急状况发生时没有可供游客使用的服务等；

——员工对游客明显的、隐含的需求的反应失误，例如，不能满足游客特殊需求、其他游客的扰乱等；

——员工自发的、多余的行动，例如，对游客注目过于异常、对游客体态的评判等；

——由游客的错误所引起的服务失误。

失误，无论是过程性的还是结果性的，是由度假酒店引起的还是由游客引起的，度假酒店必须正视并承认失误的存在，有针对性地进行补救。服务补救不仅仅是补救服务的裂缝，增强度假酒店与游客的良好关系，还要能为度假酒店提供有价值的改善服务的信息。特别是游客抱怨，可以看做是极有价值的市场信息，显示了度假酒店服务管理中存在的问题，通过解决这些问题使有些"服务补救"现象不再出现。服务补救的意义还在于可以避免重大公共关系危机的出现，因为游客在发泄心中不满时可能会引起与度假酒店的纠纷，如果问题不能得到妥善解决，游客就会借助政府或者媒体的力量以寻求心理平衡。

举措3
面对服务失误与游客投诉，度假酒店如何有效补救

（1）第一时间把事情做好，授予一线员工解决问题的权力

服务补救的起点应首先立足于第一时间把事情做好，这也是服务质量管理的首要原则。

建立良好的人际关系的关键点包括3个方面：

一是要尊重与信任员工，让员工感到自己是一个有长处、有成就、有贡献、有价值的人；

二是关心员工的生活，使员工体会工作的价值和生活的快乐；

三要增加组织的人情味，营造"大家庭气氛"的氛围。

里茨·卡尔顿酒店的服务

里茨·卡尔顿酒店非常重视"客人事件行动表"的实时报告，这份报告每天由员工填写。对报告的内容进行分析后，立即采取相应措施，使那些令客人不满的事件不再发生。酒店里的每一个员工都要不断地检查、寻找、观察客人的投诉，并对客人的投诉作出反应。第一个了解到问题的人就是这个问题的主人，负责迅速、彻底地解决这个问题。里茨·卡尔顿酒店的目标是：客人的投诉在客人离店前得到彻底的解决。

服务本身的不确定性，尤其是服务过程中人的因素，使员工在互动过程中对所接触的无形的服务的控制难以实施。避免服务失误，显然对服务人员的良好技能培训和游客导向服务理念提出了更高的要求。如果员工在特定的服务差错面前还未做好准备，有效进行服务补救是不可能的。这里所说的准备包括训练和授权。训练应该包括以下内容：发挥灵活的交流技巧、创新性思考、快速决策的能力，并培养善于抓住游客关注内容的能力。如在客人的账页上特别标注"新客人"、"回头客"、"蜜月"、"周年"或其他特殊事项，谨慎地控制酒店安全问题的各种程序。一丝微笑，一声友好的问候，来自大堂经理的一次握手，诸如"请"和"谢谢"这样的常见礼貌用语，使用正式称谓或客人的姓名，满足客人特殊需要等，这些都是客人期望在度假酒店得到的服务的一部分。另外，服务补救有鲜明的即时性，度假酒店需要授权一线员工在服务失误的发生现场及时采取补救措施。只有给一线的员工赋予一定的权力，他们才能采取快速果断的行动来补救服务差错。

三亚椰蓝湾度假酒店

（2）主动鼓励游客抱怨，设身处地感受游客的痛苦

某些度假酒店认为，它们可以通过记录游客投诉来提高游客满意度。出现失误时，积极的应对策略是度假酒店主动鼓励游客抱怨，设立倾听岗位，与游客进行有效的服务沟通，设身处地感受游客的痛苦。鼓励游客抱怨的方法之一是建立游客热线电话，鼓励游客在有问题时打电话。游客意见卡、电子信箱

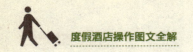

地址也可用来鼓励游客就服务所存在的问题发表意见。

　　有效的服务补救还需了解游客所表现出的失望、愤怒、沮丧甚至痛苦。具体来说，他们希望管理者和服务人员能全部或部分地做好以下工作：认真听取并严肃对待他们的意见；了解不满意的问题及其原因；对不满意的服务产品予以替换或赔偿；急他们之所急，迅速处理问题；避免造成进一步的不方便；对他们表示同情和尊敬；他们（有时）希望看到某些服务人员因服务出现问题而受到惩罚；向他们保证类似问题不会再发生。

（3）及时妥善地处理游客投诉，公平对待抱怨游客

有效的服务补救要素

服务补救要素	具体内容
道歉	要补救得彻底，一定要在服务出错后立即意识到错误，以第一人称致歉的效果往往更好
紧急复原措施	应用到补救工作时，紧急复原措施有全新的、更重要的意义。虽然有时道歉的态度足够真诚亲切，但服务提供者必须让客人感受到他是在尽最大努力去扭转形势。如果客人只是感到恼火，将道歉和紧急复原措施做好，就可能让一切雨过天晴。如果客人自觉成为受害者，补救的工作将变得复杂，必须在下面要素上再努力
移情	自觉受害的客人很可能会坚持己见，在试图改变他们的感受之前，要先表现出对他们的感受的了解
象征性的补偿	象征性的补偿最基本的层次，就是以明确的态度表示"我们想补偿您"。这种补偿并不侧重于其实质内容，其象征意义及通过它透露出的态度才是关键
事后追踪	最后的要素是事后追踪，不只是为了给客人善始善终的感觉，还可以求证补救工作的实际效应，也是一个获得反馈的途径

　　处理投诉是否及时影响着服务补救的效果。处理投诉越及时、越主动，或越及时得到投诉信息，获得补救的机会和效果就越好。同时，要跟踪追查问题是否得到妥善解决。如果不是自己亲手处理的，就不要想当然地认为游客的问题已经得到了解决，应该去核实问题是否确实得到了及时解决。为一个能给度假酒店带来大量未来利润的游客进行迅速的服务补救，不仅可以防止忠

诚游客流失给度假酒店带来的利润损失，还可以避免因游客不满而产生的负面口碑效应。

在处理投诉过程中，还必须注意，愿意花费时间和精力采取抱怨行为的游客一般都抱有很高的期望，期望能够得到及时的帮助，期望其不幸遭遇引起的不便得到公平补偿。通过对顾客进行调查，将顾客可分为5类：质量监督型、理智型、谈判型、受害型和忠实拥戴型。许多度假酒店因为没有认识到这样的分类，使得相关部门处理不好游客的投诉。

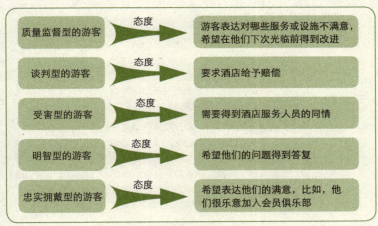

不同游客的态度区别

肆 专项研究温泉度假酒店的服务创新

　　温泉度假酒店的客人有着不同于商务客人的需求与消费特征，要求温泉度假酒店不但要打破以商务酒店的模式为基础形成的传统服务规范，建立更符合客源特点的新标准，还要时刻关注温泉客人在新时期的新需求，设计出与时代潮流相符的服务产品。

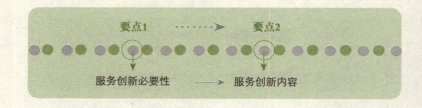

要点1 ······▶ 要点2

服务创新必要性 ──▶ 服务创新内容

要点1

温泉度假酒店服务创新的必要性

（1）温泉游客人的需求和行为特征决定其创新服务

　　目前酒店业传统的服务规范是以商务酒店的模式为基础形成的，具有比较广泛的适用性，但温泉度假酒店的客人有着许多不同于商务客人、观光客人的需求与消费特征，这就要求温泉度假酒店必须打破商务酒店的服务规范，根据温泉游客人的特点来对服务进行创新。温泉游客人的旅游动机在于追求身心疗养和休闲放松的精神享受，他们为了放松身心、开心度假而来，希望在酒店里的每一秒钟都是舒服的。因此，在传统服务强调快节奏、高效率的基础上，温泉度假酒店还应力图传达出一种舒适和轻松的

厦门翠丰温泉度假酒店室内温泉

感觉，追求服务细节，待客体贴入微。通过员工以友好而个性化的方式提供高质量服务，最大限度地消除客人的陌生感、距离感等不安的情绪，创造一个让客人感到幸福和愉悦的环境。

（2）市场需求的不断变化决定了必须进行服务创新

随着社会经济的发展和人们生活水平的提高，饭店客人的需求也在不断发生变化，越来越呈现出多样化和个性化的趋势，酒店提供的相当一部分服务实际上已不能满足客人的这些需求。此外，体验消费的兴起，要求酒店不仅要提供能满足客人生理需求的产品和服务，还要让消费者从中体验到精神享受和快乐之情，获得一种消费心情的体验和心理上的满足。这就要求温泉度假酒店必须紧跟形势，加大服务创新力度，以适应消费需求和消费环境的不断改变。

要点2
温泉度假酒店服务创新的内容

根据温泉游客人在需求与行为规律上的特点，温泉度假酒店应该以创新理念为指导，对服务进行创新，创造性地挖掘服务项目，扩大服务领域，延伸服务内容，提高服务质量。

（1）传统服务的创新

对于传统的酒店前厅服务、客房服务、餐饮服务、康乐服务，温泉度假酒店创新的重点在于：要根据温泉游客人需求、行为活动以及心理来对服务规范和程序进行设计，不拘泥于商务酒店的服务规范，着重突出个性服务，创造家外之家的气氛，给客人彻底放松的感觉。

（2）特色服务的创新

温泉是温泉度假酒店的主题，是其区别于其他类型酒店的

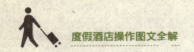

特色所在， 应该将温泉服务打造为酒店的特色服务。温泉服务创新的关键在于不仅要提供客人沐浴温泉所需的服务， 还要强调服务到位， 注重客人需求的满足程度。

① 洗浴服务

对洗浴服务要实行全员、全方位、全过程的服务， 并加强服务的主动性。客人一走入温泉区， 服务员就体贴地递上一条热毛巾给客人擦脸；当客人进入温泉池后， 服务员立即将池边的拖鞋会掉转方向后整齐地摆放；当客人泡温泉感觉到口渴时， 服务员主动递上一杯水；当客人从温泉池上岸时， 服务员及时地为他披上洁净的浴巾。通过主动的服务， 客人会感受到无处不在的关注。

② 用品服务

客人在沐浴温泉时， 常常为缺乏一些用品而烦恼， 如携带的手机、相机放在池边容易进水， 但又没有东西包起来；长头发的客人不想弄湿头发，却没带橡皮筋；需要纸巾擦拭，却没有携带等。温泉服务应该高度关注客人的这些需求， 因为这些麻烦会极大地影响客人对酒店舒适度的评价。

温泉区应为客人提供那些客人常常需要的用品， 如手机袋， 有些温泉度假酒店提供的是皮质的袋子， 看起来比较有档次， 但客人泡在温泉里手是湿的， 如果要接听或拨打电话还要打开袋子拿出手机， 还是会使手机受到腐蚀， 也比较麻烦。相反， 一般的透明塑料手机袋， 虽然看起来不起眼， 但客人却无须打开胶袋也可通话， 更加方便客人。此外， 还应提供的物品包括: 供客人保护头发的浴帽、橡皮筋、发夹；让客人可以装随身物品的腰袋；在吸烟区放置的烟灰缸、纸巾等。

③ 安全服务

温泉服务要特别注意客人的安全问题， 如果沐浴温泉时间过长， 人体会因为水温和矿物质的刺激， 引起心跳加速、血液循环加快、胸闷、头晕、虚脱等不适。因此要让服务人员必须高度关注客人， 不时地送茶送水， 提醒客人每泡15分钟就应休息，在客人发生晕厥等意外时能冷静及时地处理。

（3）服务领域的扩大

随着市场范围的变化与客人需求的不断更新，温泉度假酒店的医疗保健功能越来越被人们所重视，而酒店针对孩子的活动设施缺乏的问题也越来越突出。因此，现代的温泉度假酒店还增加了医疗保健设施与儿童活动设施的建设，这使得酒店的服务领域得到了扩大，服务内容进一步延伸。

① 医疗保健服务

温泉度假酒店的医疗保健设施包括体检中心、保健室和各类医疗场所，与城市医院里的设施类似，但作为温泉度假酒店里的一个产品，它应该跟酒店的其他地方一样，要给人以轻松、舒适的感觉，而绝不能让客人以为自己来到了一家医院。这就需要温泉度假酒店在服务上下工夫，突出星级酒店式的服务，强调服务的人性化，如采用一对一导医服务的模式，针对每一位客人的不同需求，帮助其选择适合自身情况的医疗项目，并全程提供热情、周到的服务，让客人感觉更亲切。将体检客人的检查结果全部输入计算机存档，客人可以随时查询或调取自己的检查结果。针对客人的检查报告，酒店还可提供免费医疗咨询、健康指导，客人如需要进一步诊治，可为其提供部分大医院的特需服务。

② 儿童服务

家庭游客在温泉度假市场中有着重要的地位，温泉度假酒店应该让家庭的每一个成员都能享受度假的乐趣，既考虑成年人的活动，也要为孩子们准备假日生活，儿童服务成为温泉度假酒店服务创新的一个重要部分。儿童服务除了一般性的生活照顾与看护外，还要针对家长教育子女和儿童求知、求新的心理，为孩子们提供多种多样的教育服务项目。

由于儿童都喜欢与同龄人一起玩耍，国外度假酒店的经验是按不同的年龄层次组成不同的俱乐部，将年龄相仿的孩子聚

当父母在球场打球或在酒吧享乐时，他们的孩子能在老师的指导下学习各种技巧，各得其所，各得其乐。

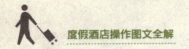

集在一起，在专门人员的看护下开展各种活动。

按不同的年龄层次组成不同的俱乐部

各年龄层孩子	开展活动
4～23 月大的婴儿	提供婴儿体操、玩水、沙盘、练习钻、爬、走等协调四肢的运动
2～3 岁的幼儿	开展小组游戏、舞蹈、肌肉发展活动、听音乐、讲故事等活动
4～12 岁的儿童	教授羽毛球、乒乓球、游泳技法，开展读书、戏剧表演活动等

三亚国光豪生度假酒店儿童俱乐部

中国10大温泉度假胜地

基于温泉的诸多优点，我国的温泉度假酒店很多，也很受广大游客的欢迎，而最受青睐的则有10大温泉度假胜地。

1. 北京九华山庄国际保健俱乐部

出亚运村向北15分钟，一座40万平方米的现代经典皇家园林建筑群，湖光山色、曲径蜿蜒、金碧辉煌，北京九华山庄国际保健俱乐部，这座昔日的皇家温泉行宫发展至今已是闻名暇迩的国际温泉度假圣地。

● 北京九华山庄国际保健俱乐部

● 海南皇冠假日滨海温泉酒店

2. 海南皇冠假日滨海温泉酒店

海南皇冠假日滨海温泉酒店坐落于海南岛热带城市海口琼山新区，距海口美兰国际机场和海口市中心仅10多分钟车程，拥有330余间客房的酒店主楼和公寓楼以及独立的大型宴会、会议中心，占地面积约10万平方米。

皇冠假日温泉酒店曾获得两项吉尼斯世界纪录：中国规模最大、功能设施最多的度假酒店和世界最大的室内温泉水疗中心——这样的显赫声名使之很快就成为国内外宾客休闲和商务旅游的理想选择。

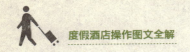

3. 广东中山温泉宾馆

广东中山温泉宾馆，位于广东省美丽富饶的珠江三角洲、一代伟人孙中山先生的故乡。旅游区占地220万平方米，常年花红草翠。整个旅游区以岭南园林为精粹，以中国传统建筑为神韵。殿阁亭台高低错落，回廊水榭勾连相接。

○ 广东中山温泉宾馆

4. 广州金山温泉度假村

金山温泉度假村地处美丽富饶的珠江三角洲恩平市那吉镇，沿325国道进入侨乡恩平，留意相关的指示牌便可到达。这里山清水秀，空气清新，地下热资源丰富，乡土文化洋溢四周，恬静、优美的大自然景色及其独特的旅游资源成为南方一个旅游新景点。

5. 四川海螺沟温泉度假区

在常年平均气温只有10℃左右的海螺沟，拥有众多大小不一的温泉群。其中，以二号宿营地的温泉为最，泉水从半山腰的泉眼流出，流量可达到8900吨/天，温度高达92℃。二号宿营地有多个温泉池和一个游泳池，水温依次降低，即使在冰天雪地的冬季，也可同样沐浴。该处温泉也可饮用，富含钙质。很有名的"仙泉瑶池"温泉就在这里。

○ 广州金山温泉度假村

○ 四川海螺沟温泉度假区

○ 四川峨眉山天颐温泉乡都

6. 四川峨眉山天颐温泉乡都

峨眉山天颐温泉乡都是峨眉温泉城内首家落成的以温泉康乐、康疗为主要特色的乡村休闲度假酒店，也是目前峨眉山地区唯一的温泉宾馆。乡都位于峨眉山门户地带的峨秀湖畔，依山邻水、古木参天、绿树成荫，置身其内西可眺望峨眉山诸峰竞秀，东能览沃畴万怵和四季景色更替的田园美景。

7. 西藏德宗温泉

离拉萨140千米，可以从拉萨包车去，费用大概每人250元左右。路况很差，全是石头路，行车时间较长，大概需要6小时左右，但沿途可以见到黑颈鹤，离温泉7千米的路口可以去有名的天葬台和止贡提寺。德宗是一个美丽的藏族小山村，位于一个山谷之中，两旁山坡是那种高山牧场，绿草如茵。

● 西藏德宗温泉

8. 西藏排龙温泉

温泉可圈点之处，在于其环境，温泉之趣，在于天然。由排龙乡政府沿川藏线西行五六百米，左手边有条不太明显的小路通向鲁郎河边，走下去一拐便是温泉。温泉池只有一个，大约有五六平方米，用石头和水泥围砌，温泉水通过木槽引入。

● 西藏排龙温泉

9. 云南南部金平勐拉温泉

云南南部金平勐拉温泉，温泉从石洞中涌出，最尽头大约水1米多深，水汽蒸腾，水温为50℃～60℃。躺在粗糙的温泉池中，感受温泉带着气泡汩汩从身下冒出。

● 云南南部金平勐拉温泉

10. 广东从化新温泉度假山庄

新温泉度假山庄坐落在清澈的流溪河畔，依山而建，所有客房及套房均设有独立阳台。极目四望，层峦叠嶂的群山尽在眼前。山庄拥有3万平方米的露天温泉，属目前从化地区最大规模的露天温泉区。不同大小设计及效用的温泉池，错落有致地分布在山顶及山谷之间。

● 广东从化新温泉度假山庄

【案例展示2】
—— CASE ——
分析、调研、预测……

巴厘岛君悦度假酒店多样化服务设施

▶ 项目介绍

巴厘岛君悦度假酒店位于努沙杜，巴厘知名的旅游度假圣地，这家酒店可以说是水上宫殿，巴厘岛风格的建筑被湖泊、花园和6个游泳池围绕着。

▶ 项目特色

酒店离Sanur\Kuta和Denpasar城都很近。酒店共有653间房间，包括豪华海滨别墅、豪华套间、海景房等。巴厘风格的建筑和装饰品在房间里面随处可以感受得到，如传统的石雕作品和岛上本土的艺术品等。

▶ 项目风格

君悦度假酒店像伫立在湖边的一座宫殿。其美丽的风景花园和6个游泳池围绕着巴厘式风格的酒店低层建筑而建，整个酒店布局高雅和舒适，为客人营造出一个热带岛屿上的理想的休闲场所。酒店就像是王冠上的宝石镶嵌在巴厘岛的海滨，可为客人提供舒适和方便的设施以及周到细心的服务，是一流的海滨度假酒店。

该酒店建于1974年。位于努沙都哇海滩，离机场约30分钟车程。酒店面对一片宁静的礁湖，放眼望去，可以看见珊瑚礁以及酒店14.6万平方米的花园。酒店拥有653间客房，面积宽敞，传统的印度尼西亚风格的布置，设施齐全，配有明亮的浴室和私人阳台。酒店共有5个餐厅，分别提供欧洲菜肴、传统的巴厘岛菜肴、海鲜、意大利菜以及中国的广东菜等。酒店的会议、宴会厅分别可以召开7~250人的会议和宴会。在康乐方面，酒店还设有SPA、游泳池、网球场、羽毛球、排球、高尔夫、台球、深海捕鱼、帆船运动等设施和服务。

🔵 君悦度假酒店结构

1. 酒店设施

除了提供丰富饮食外，酒店所属的户外活动设施亦是酒店的一大特色，其共有6座游泳池、人工滑水道、海上风帆活动、潜水课程、水上摩托车、拖曳伞、沙滩排球……另外有3个网球场、英式壁球、健身房中心、有氧舞蹈教室、桑拿蒸气室，可供3~13岁小孩参与多样化的游戏活动中心等。上述这些贴心服务已让君悦酒店达到五星加钻的顶级酒店标准。

君悦度假酒店个性化红屋顶

2. 商务设施

不管客人计划何种类型的会议，Hyatt 都会使客人的活动体现独特的方面。酒店的一沉的会议厅和宴会厅等设施可举办各种形式的会议和聚会。分别可以召开7～250人的会议和宴会，同时还提供各种齐全现代的会议设施、多功能活动室、宴会、礼堂、舞厅、邮递、快递服务。

3. 健身娱乐设施

乒乓球健身中心、儿童活动项目、商店、壁球场、娱乐游泳池、按摩SPA、有氧健身活动、极可意浴缸、桑拿浴、水上运动、游戏室、游泳池、网球场、美容院、羽毛球场、药房、骑脚踏车观览、大型国际象棋、帆板运动、高尔夫球、排球场、潜水、西洋跳棋和钓鱼。

4. 餐厅

酒店内提供有各式各样的餐食，例如：水上房餐厅提供巴里岛传统式美食，花园餐厅提供国际式自助餐，NAMPN日式餐厅则提供铁板烧烤以及各种日式美食等。

Pesona休闲吧

Pesona休闲吧为您提供了一个理想的放松休闲的用餐环境，餐厅提供各式传统的巴厘特色菜和各式甜点。

君悦度假酒店餐厅

君悦度假酒店提供多样餐食

池边酒吧

巴厘岛的早晨、中午和夜晚加起来，会组成一幅美丽的全景图，当夜色降临时，来到露天的海鲜烧烤餐厅，一边吹着海风，一边体验着美食的神奇诱惑，是极大的生活享受。

Pasar Senggol

"Pasar Senggol"，一间巴厘夜市风格的餐厅，提供巴厘岛式的亚洲及西方美食，客人可以边吃边欣赏当地风情表演。

Salsa 吧

Salsa吧是建在池边的意大利风味的餐厅，餐厅提供各式美味的鸡尾酒和意大利特色菜，最多可容纳150人。

5. 房间设施

君悦度假酒店位于巴厘岛南部海岸的努沙都瓦区海滩上，拥有私人的海滩以及豪华舒适、共653间的精致客房。每个房间皆有私人阳台，可眺望整个努沙都瓦区处处充满浪漫气息的美丽南洋风光。

酒店的客房和套房都经过精心奢华的装饰，材料独特，如蜡染布、竹子和许多自然材料及巴厘岛艺术风格装饰，使客人在客房内时刻感受到充满异国情调的气氛和当地民族文化和艺术氛围。酒店设有多家可烹饪出各种国际和地方菜肴的餐馆，还有种类颇多的室内和海滩活动项目，酒店的商务设施可满足商旅客人的需求。

君悦度假酒店客房

· 阳台

· 多功能办公桌

· 大理石浴室

- 私人卫生间
- 迷你酒吧
- 25英寸电视
- 电话
- 婴儿床可提供
- DVD、CD播放系统可提供
- 私人控制空调
- 每房最多可允许：两个成人/两个儿童同住
- 晨报
- 扩音器
- VIP设施
- 沙发床
- 长袍
- 吹风机
- 24小时客房服务
- 咖啡制作设施
- 24小时门房
- 闭路电视
- 计数器
- 高速互联网通入
- 室内保险箱
- 矿泉水可提供
- 可移动床

君悦度假酒店客房

海南度假酒店特色：
海南一流的生态环境，造就了海南度假酒店建筑鲜明的热带特色和生态特色
海南度假酒店发展趋势：
国际国内品牌连锁、本岛品牌连锁及单体度假酒店共演"三国演义"
海南度假酒店业的客源市场营销要尝试创新思路

海南度假酒店开发主流趋势

　　海南在20世纪90年代初已经开始出现了旅游房地产，虽然经历了很多曲折，但是旅游房地产依然是海南省最重要的房地产开发形式，并且随着近几年房地产行业的飞速发展，海南旅游地产已经成为中国旅游房地产的一个典型代表。

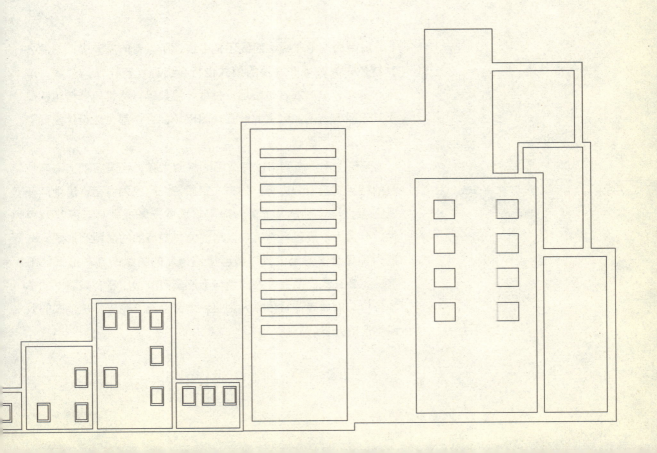

旅游地产注定成为海南地产发展主流

壹

海南省各市县根据各地的自然资源特色发展起了不同特色的旅游地产，但是由于各地经济发展水平、旅游业的发展程度、房地产市场状况等因素的各异，也导致了各地旅游地产呈现出了异彩纷呈的开发模式。

机会	经营	前景
旅游地产模式异彩纷呈	强化定位形成品牌	休闲地产成为新方向

海南岛无论东线、西线还是中线，所具备的旅游度假资源各具特色，旅游地产开发的模式也将会出现其多样性，滨海、滨河、滨江、滨湖或者是山地、林地、温泉等，热带风情特色都赋予其无尽的诱惑，因资源制宜，因市场制宜，都将能设计出异彩纷呈的度假产品。

无论主观上海南省欲建成国际旅游大省，还是客观上海南独具的特色旅游资源优势，都将注定旅游地产成为海南省房地产开发主流。从这层意义上讲，海南省房地产开发就具备了其双重性，一层为以满足本地客户以居住为主要目的的房地产形式；一层为满足全国乃至世界以旅游度假为目的的旅游地产形式。前者，将会在政府及社会共同参与下逐步完成"居者有其屋"的基本目标；而后者，将依靠大企业、大资金流入完成多种模式的旅游地产的开发。

旅游地产模式异彩纷呈

　　海南的旅游地产按照购买人群、资源环境以及销售价格的不同可以分为高端休闲度假地产、高端养老型旅游地产、中端养老型旅游地产、经济适用型养老旅游地产。而按照资源特色不同，其分布也表现出地域性特点。

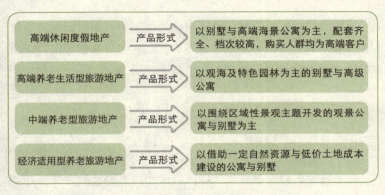

按照资源特色细分产品

（1）高端休闲度假地产

　　产品本身就是一种奢侈品，并且占据海南最稀缺的景致资源，升值潜力巨大。产品也成为一种身份的象征，是度假休闲的场所。

（2）高端养老生活型旅游地产

　　社区配套齐全，档次相对较高。购买人群一般以高端客户为主。这种产品类型接近于高端休闲度假地产，但是由于项目距离市区较近，生活配套较好，客户购买后以长期居住和度假为主。主要分布在三亚近海以及城区、海口西海岸、北海甸、东海岸等地。

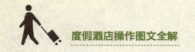

（3）中端养老型旅游地产

周边配套不是很成熟，项目产品一般为中高端商品住宅，项目小区设计合理，主题景观表现明显。由于受其价格影响，产品的购买客户以中高端阶层富裕人群为主。产品以中小户型为主，一次性购买投入较小。客户以计划长期养老、过冬、度假等为目的。主要分布在琼海万泉河畔、琼海官塘温泉区、文昌海滨等地。

（4）经济适用型养老旅游地产

房地产市场起步较晚，总体特点为产品单价相对较低。销售对象主要针对过冬、养老的中低端客户。主要分布在琼海、文昌两市主城区及定安县、澄迈县、五指山市等地。

图图

强化定位形成品牌

由于各地区对于自身旅游地产的发展缺乏明确的定位，并且各项目特点也有所不同，所以在各代表区域也经常出现与其区域特点不符的项目。并且每个区域都希望自己的产品类型尽量高端化，增加产品的附加值，提高产品的售价。由于自己脱离了区域产品的特点，而造成产品形象定位模糊，反而得不到消费者的认同，导致销售缓慢，或者营销成本上涨。

当然，也有很多区域具有很大的发展潜力，如五指山市，由于其房地产市场形成较晚，而且自然资源比较独特，现在开发产品当中别墅也较多，所以城市的规划与定位可以向上移，成为高端养老生活型旅游地产区域。但是并不是任何区域都可以随便规划自己的区域特点，因为区域的自然资源、配套设施等都是很难一时改变的，如万泉河畔区域就不能成为清水湾、香水湾、石梅湾等这些具备国际水准的优质滨海资源，因为后者一开始就从规划与定位上走高端路线。所以一个区域只有立足于区域特点，强化自己的定位，形成一个区域的文化特点和品牌形象，这样就会在产品对外营销当中形成明确的区域形象，在产品定位和市场定位中就会相对容易。

前景

休闲地产成海南房地产发展的新方向

海南休闲地产发展，只是中国休闲地产发展的一个缩影。中国旅游需求将在未来10年中以每年8.5%的速度增长，休闲地产作为旅游和城市投资两个黄金产业的交叉，必将成为发展主流。

从盈滨半岛到海口西海岸再到东海岸，被冠以温泉小镇、高尔夫度假公寓、生态旅游度假区等名称的地产项目有近20家。这些项目有一个明显特征，就是更关注将旅游度假与休闲体验实现对接，突出休闲地产概念。

海南度假酒店的发展前景

（1）提供一种闲适的生活方式

休闲地产是指在一般住宅要素的基础上，依托项目周边良好的资源环境，把房地产嫁接在其他产业资源，包括生态资源、旅游资源、文化资源上，在建筑规划、配套设施、社区生活中导入休闲元素，使居住者能够充分放松身心，享受到休闲生活的地产类别。

（2）附带一份高附加值——市政配套齐全

休闲地产与常规地产最大的不同就是对稀缺资源的占有，这也决定了休闲地产的高附加值，并由此决定了产品的高端性

要点提示

随着海南旅游业的不断发展壮大，与之相配套的度假酒店、主题休闲公园、高尔夫度假村、仁闲运动村、景区风格别墅住宅等旅游休闲地产也蓬勃发展。

以及可投资的价值。它的产品设计通常都充分考虑与资源的融合，让业主充分享受到休闲的乐趣。而这其中，完善的市政配套更不可少。

案例2 海口市滨海西路二期工程正式施工

2009年10月30日，全长5.26千米的海口市滨海西路二期工程正式施工。滨海西路二期由海口市城建集团有限公司投资2.7亿元建设，北起粤海铁路桥，南至盈滨二路，双向6车道。项目预计2010年年底竣工，建成后将对西海岸新区金沙湾、盈滨半岛开发具有重要意义。通车后，从盈滨半岛开车可能只需15分钟即可到达海口市中心万绿园，盈滨半岛即将迎来新一轮发展。

（3）打造国家级旅游度假区

海南拥有全国唯一的热带海岸，是滨海休闲的绝佳去处。目前，万科、富力、雅居乐、鲁能、新世界、中信、华润、国信、雨润等知名企业纷纷进入，开发建设了一批滨海居住区、旅游度假酒店、高尔夫球场、游艇设施、主题公园等旅游房地产项目。

近年来海南有计划、有规划地开发建设旅游休闲房地产，利用海岸线、河岸线、湖泊、山地、森林等优质资源，开发建设高端度假酒店、度假公寓、居住公寓等一批具有核心竞争力的旅游度假产品，打造了一流的热带海岛旅游度假胜地的服务设施。在国际旅游岛建设中，旅游房地产要形成酒店地产、休闲地产、文化地产、生态地产、娱乐地产、复合地产6大产品体系。这其中，休闲地产是重要方向。

政府的规划也在推动旅游休闲地产项目建设。根据规划，海口西海岸未来将成为海口一个功能最全的核心新城，与海口提出的城市发展战略中的"西拓"紧密相连。区域内重点规划建设项目包括金沙湾热带滨海国际旅游度假区和旅游文化创意产业园区等功能区。

盈滨旅游度假区是海口西海岸旅游度假区的重要组成部分。西海岸的开发，将带动盈滨半岛向着休闲、旅游度假、高级居住、水上运动等为主的综合性滨海休闲旅游度假区发展。而江东

要点提示

"西拓"就是要加快西海岸新区建设，以行政中心建设为突破口，带动行政办公和总部经济功能区、旅游度假功能区、临港物流园区建设；要把西部工业功能区、科技产业功能区建设与新区建设紧密结合起来，物流畅通，新城崛起的西部大工业集中、物流园形成工业基地建设与新区建设良好局面。

的发展不会像西海岸那样，将择"优"发展，体现"东优"策略，目前海口规划部门和旅游部门正在策划，高水平打造一个东海岸国家级旅游度假区。

案例 盈滨旅游度假区

海口以整体开发建设盈滨半岛为重点，整合现有旅游资源，深挖旅游特色，打造旅游精品。坚持"高标准规划、高品位设计、高质量建设"的标准，加快盈滨半岛旅游区的规划。

盈滨旅游度假区是老城片区"三轴、五区"的空间布局结构的组成之一，是海口旅游业在空间上的重要组成和旅游功能的延伸，是西海岸旅游度假区的重要组成部分，开发建设成影视会展、佛教文化、旅游度假、康健娱乐、游艇运动、商务休闲、生活居住等具有国际水准的综合性滨海休闲旅游度假区。

● 盈滨旅游度假区

海南岛度假酒店业的喜与忧

国家旅游局于1996年1月1日在亚龙湾国家旅游度假区举办"中国度假休闲游"活动开幕式,拉开了海南岛度假旅游业开发序幕。从此,伴随着中国经济持续高速发展和海南岛第三、第四、第五航权开放,尤其是三亚市连续举办世界小姐总决赛,使海南岛的目的地形象知名度、美誉度在国内外大大提升。

一喜	二喜	三喜	四喜	五喜
发展规模速度国内领先	酒店景点化	产品多样化	经营国际化	政府主导型模式
一忧	二忧	三忧	四忧	五忧
客源不足	服务体系滞后	产品单调低端	落后的市场营销	高端人才匮乏

海南岛度假旅游业步入日新月异的发展时代,海南度假酒店业更是超常规发展,成为一道独特而亮丽的风景线。然而,对海南度假酒店业发展进行立体剖析后,则是有喜亦有忧。

一喜

发展速度、规模、密度和档次,领先国内

随着1996年中国第一家五星级度假酒店——三亚凯莱度假酒店入驻亚龙湾国家旅游度假区,在1996—2010年的短短15年,海南岛度假酒店业异军突起,南起三亚北到海口,沿海南岛东海岸黄金度假带形成多个度假酒店群落,如亚龙湾国家旅游度假区成为国际品牌度假酒店"俱乐部",大东海成为俄罗斯人度假娱乐胜地,三亚湾成为度假型房地产的大本营,博鳌更是中国

的"达沃斯"（法语音译，是瑞士知名的温泉度假、会议、运动度假胜地），兴隆地区温泉度假酒店鳞次栉比，海口西海岸大有后来居上之势，已开业4家五星级海滨度假酒店。

案例　亚龙湾国家旅游度假区

亚龙湾国家旅游度假区是我国唯一具有热带风情的国家级旅游度假区，位于中国最南端的热带滨海旅游城市——三亚市东南面25千米处。度假区规划面积18.6平方千米，是一个拥有滨海公园、豪华别墅、会议中心、高星级宾馆、度假村、海底观光世界、海上运动中心、高尔夫球场、游艇俱乐部等国际一流水准的旅游度假区。

● 亚龙湾国家旅游度假区

海南度假酒店业对"海南岛——中国的度假天堂"目的地形象起到了重要的支撑作用，并占据中国度假酒店业的制高点。

二喜

酒店景点化，度假区酒店群落呈景区化

海南岛度假酒店的热带海岛特色鲜明，宽广、通透的大堂

博鳌索菲特大酒店全景　　　　　　　博鳌索菲特大酒店池景

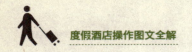
与通常的城市商务酒店中央空调式封闭大堂形成鲜明的对比。这些度假酒店凸显各种异国风情的热带特色园林让人迷恋，一座度假酒店就像一个景点，如三亚喜来登度假酒店、三亚家化万豪度假酒店、海口喜来登温泉度假酒店、博鳌索菲特大酒店等。

海南岛度假酒店的"扎堆"现象更是一奇，每个旅游度假区均形成度假酒店群落，各个度假酒店群落均呈景区化，已成为中外游客留连忘返的"度假型观光景区"。

度假型观光景区酒店数量统计	
度假型观光景区	酒店数量统计
亚龙湾国家旅游度假区	已开业酒店就有12家，其中五星级标准度假酒店有10家，而这些五星级酒店中有"洋品牌"度假酒店8家
大东海旅游度假区	有酒店11家，其中五星级标准度假酒店有3家
三亚湾旅游度假区	有酒店11家，其中五星级标准度假酒店有3家
海口西海岸	4家酒店均是五星级标准度假酒店
博鳌地区	6家酒店，其中五星级标准度假酒店3家

现在，海南旅游重心逐渐南移，三亚成为五星级酒店的聚集圈，渐渐形成亚龙湾、大东海、三亚湾3大高星级度假酒店区域，凯莱、喜来登、万豪、希尔顿、凯悦、假日、凯宾斯基等一批国际顶级度假酒店品牌纷纷抢滩。而对千岛湖来说，随着2010年喜来登、洲际和希尔顿的相继开业，其外资五星级度假酒店的密度已经相当傲人，即使与三亚还有差距，但绝对不逊色于丽江、九寨沟、无锡太湖等同类度假区，这还不包括红叶岛上的朱美拉酒店等多家尚未开业的大牌外资酒店。

酒店业规模扩张迅猛，产品种类呈多样性

三亚度假酒店业是海南岛度假酒店业的领跑者。如今，亚龙湾度假酒店群落已成为中国度假酒店业的"国家队"、中国度假酒店业"金字塔"的塔尖、与国际度假市场接轨的"桥头堡"。

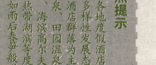

要点提示

各地度假酒店群落产品种类呈多样性发展态势，以海滨度假酒店群落为主轴，热带雨林温泉、田园温泉、原始热带雨林、海滨高尔夫、田园高尔夫、热带湖滨等度假酒店产品系列如雨后春笋般兴起。

伴随着海南旅游业从观光型向度假型转型升级，海南岛度假酒店业的发展呈现从南向北、从滨海向山区延伸，并且产品类型呈多样性态势。例如，由于亚龙湾国家旅游度假区度假酒店群落的"标杆效应"，三亚大东海旅游度假区、三亚湾旅游度假区、陵水珍珠海岸、万宁石梅湾及神州半岛旅游度假区、博鳌旅游度假区、海口西海岸旅游度假区等区域内的度假酒店群落迅速崛起。再如，从滨海向山区发展态势，随着绿色生态度假旅游产品日益受到游客追捧，兴隆温泉、珠江南田温泉、七仙岭热带雨林温泉、五指山热带雨林、尖峰岭热带雨林、吊罗山热带雨林等地区的特色度假酒店群落也悄然成规模。

度假酒店多元化发展模式多种多样，如：

海滨度假酒店＋热带雨林温泉度假酒店＋热带雨林探险模式；

海滨度假酒店＋高尔夫模式；

海滨度假酒店＋海底潜水＋海上娱乐模式等。

四 海南度假旅游业迈向国际化

在海南岛度假旅游业向"亚洲一流、国际知名的热带海岛度假旅游目的地"目标加速迈进的进程中，众多国际酒店知名品牌大举抢滩海南岛，如凯莱、假日、皇冠、喜来登、索菲特、香格里拉、凯悦、凯宾斯基、嘉宾、龙都、埃德瑞等，共计10余家。这些"洋品牌"的国际化程度高，带动了海南岛度假酒店业管理、服务标准、管理人才、国际航线、客源等方面的国际化，并为本土高星级度假酒店培养了大批中高级管理人才。现在，海南各大高星级度假酒店的中高级管理人才大部分都是从"洋品牌"国际酒店中跳槽而来。

20余家"洋品牌"大举抢滩海南岛，引发了"民族品牌"酒店巨头跟风进军海南岛，如上海锦江、浙江世贸、广东珠江等；同时还催生出本岛酒店巨头，如海航酒店集团、金银岛酒店集团、金海岸、寰岛等；另外还有众多的本岛单体酒店等。总之，以上3个板块的度假酒店在海南各地上演着"三国演义"。

然而，度假酒店仅仅是度假产品线路中的一个元素。为满足游客的需求，"三国演义"加速催生符合个性化度假产品消费需求的海南岛多元化度假产品出笼和三亚市无障碍度假旅游

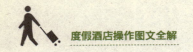
服务体系——三亚市游客到访中心的开工建设。

五喜

产业发展模式回归政府主导型，产业政策利好效应逐步凸显

海南旅游资源得天独厚，特别是适合全年、全天候旅游度假非常难得，海南发展旅游具有非常好的前景，旅游业完全可以成为支柱产业。海南发展旅游业，充分发挥了政府的主导作用。产业利好政策也吸引众多大财团抢滩海南，海南度假旅游业迎来新一轮黄金发展机遇。

截至2005年各集团对海南的投资规划

投资集团	投资额	开发区域
香港和记黄埔、盈科地产、新鸿基地产和上海联合体	共同投资1000亿元	开发三亚海棠湾
世纪金源投资集团	投资58亿元	开发三亚的三美湾
香港华润集团	投资上百亿元	开发万宁的石梅湾和神州半岛
中信集团	投资100多亿元	开发博鳌特别规划区
陵水香水湾	投资32亿元	新建8家五星级度假酒店
香港新世界集团	投入80亿元	开发海口美丽沙
天津万隆集团	投资100亿元	开发海口新埠岛
开维集团与海南农垦联合	投资20亿元	开发海口桂林洋
天津环渤海控股集团	投资12亿元	开发海口石山火山群国家地质公园
北京首创集团	投资8亿元	

此外，欣喜地看到海南岛度假酒店业蓬勃发展的同时，也要清醒理智地认识到它的缺陷所在：

一忱

度假酒店业失控式超前发展与游客源不足的矛盾

　　海南岛度假酒店业的发展该不该有个全省的规划？回答是肯定的。客源是海南度假酒店业发展的生命线，市场营销跟不上已成为海南度假酒店业健康发展的"拦路虎"。海南岛四星级标准以上各类酒店已有70余家，拥有各类客房将近2.1万间，如果按常年60%的入住率计算，则需过夜游客源460万人次［假设1人/（间·夜）］。而海南全省年接待游客量在1500万人次左右。从海南旅游客源结构看，国内客源占95%，散客及会议团仅占总客源30%左右。显然，度假酒店业失控式超前发展与游客源不足的矛盾将越来越突出。

　　尽管国内中高端客源市场规模预计为亚洲第一，但由于海南相当多的度假酒店市场营销各自为政，没有形成拓展市场的合力，甚至互相拆台、削价竞争，市场营销模式、手段落后。再由于海南岛是远程的度假旅游目的地，受制于航线"瓶颈"制约较大，境外客源难以进入，加上中国开放出境游的国家已达上百个，导致国内中高端客源进一步分流等诸多因素，造成海南岛除少数知名品牌的五星级度假酒店外，大部分度假酒店经营业绩不理想。在海南岛度假酒店中存在这么一个现象：旺季争抢客源，淡季都"冷"得可怕，以致五星级度假酒店卖三星级城市酒店的价，酒店业整体效益不佳。

二忱

度假酒店业超前发展与无障碍度假旅游服务体系滞后的矛盾

　　度假酒店业超前发展，"洋品牌"大举抢滩海南岛，国际游客增幅可观，于是有人惊呼海南度假旅游业迈入国际化门槛，其实不然。海南度假旅游业的国际化特征仅仅体现在一些

205

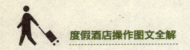

"洋品牌"的酒店内，客人一旦走出酒店大门就不知所措了。多语种咨询服务系统、便捷的旅游巴士、诚信的消费场所等尚未配套。因此，海南亟须率先构建无障碍度假旅游服务保障体系，充分满足游客对目的地的知情权、对度假产品的消费选择权和安全消费的保障权。

三忧

度假酒店业超前发展与度假产品单调、低端的矛盾

海南有很多好的度假酒店，但是缺少满足中外游客的产品系列。海南"洋品牌"度假酒店内，国际客源比例较大，酒店员工的外语口语比较好，管理阶层外籍员工较多，国际化的管理、服务氛围较浓。但是还有很多酒店的服务项目不多，消费链不长，不能满足游客的**个性化需求**。

因此，大力整合度假旅游资源，以线带"点"，设计、组合和包装出特色鲜明、个性化程度高的深度体验型系列主题度假旅游产品才是解决矛盾的上策。客源来了，没有众多度假产品供其消费还是留不住人，综合效益更谈不上，而且会导致海南岛作为高端度假旅游目的地形象大为逊色。

以亚龙湾国家旅游度假区为例，游客要么到海滨沙滩晒太阳、要么在酒店里睡觉。然而，欧洲客人很绅士，晚上喜欢参加社交活动；俄罗斯客人晚上则喜欢热烈的夜生活，边喝啤酒边唱歌跳舞。类似这样的项目和场所却很少。

四忧

度假酒店业超前发展与传统、落后的市场营销的矛盾

中国经济的持续快速增长培育出庞大的游客源规模，上海、北京、广州等大城市的人均GDP超过4500美元，国内人均GDP超过3000美元的地区人口超过两亿人，这是海南岛度假酒店业完全可以依靠的主要优势客源市场。墨西哥坎昆度假旅游区，如今已成为国际一流，就是依托北美客源市场而迅速崛起的，其国际化水平甚至超过夏威夷。

海南度假酒店业目前的市场营销存在的问题

问题1	"洋品牌"度假酒店未能发挥各自的全球营销网络优势，联手主攻高端市场
问题2	国内品牌度假酒店则把宝押在海南的地接社身上或扎堆同行客户群"抢客"
问题3	在对岛外客源地组团社促销时喜欢单打独斗，搞削价竞争
问题4	在对自己赖以生存的海南岛目的地品牌形象宣传上都指望政府
问题5	对细分市场、市场需求的研究不下工夫，不知道客源市场需要什么样的度假产品
问题6	不积极配合航空公司开发国际航线及客源市场，不愿分担航空公司市场开发的风险

　　海南度假酒店业的客源市场营销只有创新思路，按照"以市场为导向、以需求为导向、以竞争为导向"三原则整合度假资源，创新产品；在客源市场开拓上坚持"互信、互补、互动、共赢"的理念联合营销，做大客源市场规模而实现共同增效。

五忧

度假酒店业超前发展与高层次管理人才不足的矛盾

　　海南缺少高层次旅游管理人才。高层次人才关乎到海南旅游业能否顺利实现转型升级增效的战略目标。

　　海南度假酒店业的管理人才现状是："洋品牌"度假酒店中高层管理人员基本上是外籍人士，国内品牌度假酒店中高层管理人员基本上是从"洋品牌"度假酒店中跳槽而来，尽管本土管理人才成长很快，但由于没有受到系统的国际化科班教育而水平有限。摆在海南度假酒店业面前最大的人才问题是高层次的管理人才和市场营销人才。没有一批与产业发展水平相适应的高层次人才队伍的支撑，海南度假酒店业以至海南度假旅游业就难以实现持续、健康的发展。

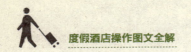

迷人的热带风光，海南度假酒店景点化彰显魅力

海南一流的生态环境，造就了海南旅游酒店建筑鲜明的热带特色和生态特色。从海口西海岸、新外滩到文昌的东郊椰林；从琼海的博鳌水城到万宁的兴隆温泉度假区；从陵水的分界洲岛到三亚的亚龙湾；从大东海湾到三亚湾的椰梦长廊；从峻峭的吊罗山到灵秀的七仙岭；从巍峨的五指山到山海相连的尖峰岭；从东部的山野温泉度假区到西部的田园温泉疗养胜地，海景、山景、湖景、园景、温泉、森林度假酒店比比皆是。

要点1

在海南，度假酒店向区域化发展

海南旅游酒店十分注重人与环境的沟通、环境与服务的完美、情与景的融会，每家度假酒店都是一座花园，都是一个生态景点，景点化成为海南旅游酒店建筑设计的一大特色。

海南岛东海岸	⇒	形成以海滨、田园度假酒店为主的度假群落
万宁兴隆旅游度假区	⇒	突出园林温泉、温泉高尔夫等主题
亚龙湾、大东海	⇒	形成滨海旅游酒店群落

海南度假酒店的区域化趋势

（1）海南岛东海岸——形成以海滨、田园度假酒店为主的度假群落

海南岛东海岸以海滨、湖滨、田园、温泉度假酒店为主的度假群落，成为海内外游客首选度假目的地。博鳌水城生态度假区亚洲论坛永久会址的金海岸温泉大酒店、索菲特大酒店、锦江温泉大酒店，金芙蓉大酒店等与海、河交汇处巧妙融合，温泉、海岸、沙滩、河流、雨林交织在一起，酒店在蓝色和绿色的渲染下，格外迷人。

（2）万宁兴隆旅游度假区——突出园林温泉、温泉高尔夫等主题

度假区内坐落42家各式度假酒店，下榻此处，犹如走入花园式的度假大观园。各式酒店被千姿百态的热带乔木、花卉、大小温泉池、高尔夫球场掩映。度假区内的五星级康乐园度假酒店是目前全国最大的热带园林温泉高尔夫度假酒店，该酒店拟在5年内扩至67平方千米，将建成世界上最大的旅游度假村之一。

（3）亚龙湾、大东海——形成滨海旅游酒店群落

海南岛最著名的滨海旅游酒店群落，应数三亚亚龙湾国家旅游度假区、大东海和三亚湾椰梦长廊。这里有中国顶级的热带滨海度假酒店。亚龙湾集中了现代旅游5大要素：大海、沙滩、阳光、绿色、洁净的空气于一体，坐落在此的喜来登度假

建筑本身与镶嵌其间的泰式、加勒比式及巴厘风格的特色园林，还有美轮美奂的水榭亭台交相辉映，使三亚珠江花园酒店这处别具特色的度假胜地充满浓郁的异国风情

209

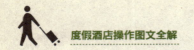

酒店、凯莱度假酒店、仙人掌度假酒店、金棕榈度假酒店等
10多家著名度假酒店与金色的沙滩、清澈的海水、绵延的海
湾、原始的植被相得益彰，构成一幅店在景中、景在店中的
美丽画卷。

坐落在大东海湾和三亚湾的珠江花园酒店、银泰度假酒店、
丽景海湾酒店、明珠海景酒店、金凤凰海景酒店、三亚华源度假
村等品牌度假酒店，都会使游客感受到阳光、沙滩、白云、碧
海、椰风、绿色、环保的独特魅力。

要点2

海南岛森林度假酒店、温泉度假酒店更具景点化特色

海南岛森林度假酒店、温泉度假酒店更具景点化特色，如五
指山国际度假寨、尖峰岭天池的桃花园度假村、避暑山庄、吊罗
山的姐妹湖度假村都是海拔最高的生态度假酒店。群山环抱、云
雾缭绕，天然"大氧吧"，热带雨林的高密度的负氧离子、林
海、雾海、云海、奇花异草都让游客无比神往。皇冠假日滨海温
泉大酒店、七仙岭山野温泉度假村、三亚珠江南田温泉度假区、
儋州蓝田温泉度假都具有热带风情特色的SPA产品，山间雨林美
景怡人。

由于海南岛的地理位置、资源环境、气候条件等在中国独一
无二，因此它的稀缺性、不可替代性、无法模仿性等特征体现了
海南度假酒店在中国旅游酒店业中独树一帜的地位。亲山亲水、
亲风亲海的各式景点化度假酒店，彰显了海南岛度假酒店的独特
魅力。

案例展示
CASE
分析、调研、预测……

海南10大度假酒店

1. 三亚凯莱度假酒店

　　三亚凯莱度假酒店，是中国海南省三亚市亚龙湾国家旅游度假区内第一家五星级豪华度假酒店。

　　三亚凯莱度假酒店现代的建筑外观和室内设计堪称亚龙湾独一无二的。外部风景是生机勃勃的组合画面，既有大量绿色植被突出海南岛"天然花城"之美，又巧妙糅合了开放空间的实用性设计。

● 三亚凯莱度假酒店

● 三亚喜来登度假酒店

2. 三亚喜来登度假酒店

　　三亚喜来登度假酒店拥有得天独厚的地理位置，位于亚龙湾的中心，正对亚龙湾高尔夫球场。湛蓝的大海和银白的沙滩是海洋生物栖息繁衍的天堂和户外娱乐活动的理想之地。酒店距离三亚凤凰机场30分钟的车程，离三亚市中心仅一石之掷的距离。

3. 博鳌索菲特大酒店

博鳌索菲特大酒店暨博鳌亚洲论坛国际会议中心坐落在风光
旖旎的东屿岛上，万泉河在她身边蜿蜒流淌，不远处的三江入海
口与隔玉带滩遥遥相望的南中国海构成一幅美轮美奂的景色。

由海南中远发展博鳌开发有限公司投资建造，酒店的一流会
议展览设施和专业细致的服务以及绚丽多彩的传统中国风情与高
贵典雅的法兰西风格的完美融合，使其成为会议与休闲度假的首
选酒店。

博鳌索菲特大酒店

4. 海南皇冠滨海温泉酒店

海南皇冠滨海温泉酒店

海南皇冠滨海温泉酒店坐落于海口江东新区，距离海口美兰国际
机场及海口市中心仅需15分钟车程。酒店占地10万平方米，由5座欧
式建筑组成，包括333间豪华客房的主楼、两座公寓楼、大型独立会
议中心和THE LOTUS SPA温泉水疗中心，集度假、会务特色为一
体的这组建筑与镶嵌其间的泰式、夏威夷式及巴厘式风格的特色风格
园林与美轮美奂的水榭亭台交相辉映，散发出风情万种的独特魅力。

5. 海南新国宾馆

海南新国宾馆是海南航空集团和海口市政府合资兴建，
由海航酒店（集团）有限公司管理，以接待国家元首、各类国
际国内组织主要领导人、省市政界重要贵宾和国际、国内工商
名流为主，是集客房、餐饮、休闲娱乐、会晤场所为一体的生
态化、国际化的多功能滨海温泉休闲度假酒店。宾馆位于海口
市滨海西路，映衬于蓝天碧水之间，拥有两千米长的优美海岸
线，是西海岸带状公园的重要组成部分，建筑设计中西结合，
装修风格古今贯通，外环境将欧式皇家花园和中式山水园林、
日式山水温泉有机地融和在一起，搭配新奇的热带植物景点，
形成了独特的具有海滨特色的热带风情园林。

海南新国宾馆

6. 海口喜来登温泉度假酒店

海口喜来登温泉度假酒店位于椰树婆娑的西海岸，距海口市主要的商业和购物中心仅10分钟车程，距海口美兰国际机场仅需40分钟，拥有私人海滩，是高效商务活动和舒缓身心的理想之地。

海口喜来登温泉度假酒店由喜达屋全球酒店及度假村集团管理，其旗下包括喜来登、福朋、威斯汀、瑞吉、至尊精选、W、艾美、A-Loft及Element 9个品牌，是以世界领先品牌向全球旅行者提供高尚体验的酒店和度假村集团。喜达屋集团在全球的迅速发展为加入集团的员工提供了广阔的事业发展空间。

海口喜来登温泉度假酒店

7. 三亚天域度假酒店

天域度假酒店坐落于中国最南端的海南岛三亚市亚龙湾滨海椰林之中。酒店融古老的东方文化于醉人的自然美景之中，距海口270千米。

三亚天域度假酒店

8. 三亚红树林度假酒店

位于海南三亚亚龙湾的红树林度假酒店是具巴厘岛热带风情的度假酒店。独特的X、Y型楼宇设计使得酒店铺排得更开敞，从而有更多房间能将亚龙湾的碧海银沙一览无遗。拥有260米洁白的沙滩，开放式的大堂，通透的走廊，环保而又返璞归真的整体设计，是绝对的一线海景。

三亚红树林度假酒店

金茂三亚希尔顿大酒店

9. 金茂三亚希尔顿大酒店

中国首家希尔顿全球度假村——金茂三亚希尔顿大酒店依美丽迷人的亚龙湾而建，距离亚龙湾洁白细腻的沙滩仅数米之遥，客房、套房种类齐全，处处渗透着浓郁的热带小岛风情。

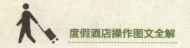

10. 三亚家化万豪度假酒店

● 三亚家化万豪度假酒店

　　三亚家化万豪度假酒店位处海南岛的亚龙湾。如痴如醉的风光配以非凡的美酒佳肴，是人生一大享受。酒店的餐厅全部设有室内和露天雅座，让游客舒服地品尝各种美食，如休闲餐厅的丰富自助餐和零点服务；中式餐厅的地道中国珍馐百味；特色餐厅的南亚风味菜式；还有在池畔烧烤场及大堂酒廊，一边饱览迷人海景，一边欣赏现场娱乐表演，带来前所未有的惊喜。位于酒店外围的"海上海鲜城"是游客尽心打造的大众饮食消费场所，在亚龙湾独此一家。